国家自然科学基金项目资助

晶圆级应变 SOI 技术

戴显英　苗东铭　荆熠博　著

西安电子科技大学出版社

内 容 简 介

进入 21 世纪以来，应变硅和 SOI(Silicon-On-Insulator，绝缘体上硅)被公认为是深亚微米和纳米工艺制程维持摩尔定律(Moore's Law)和后摩尔定律的两大关键技术，也被称为 21 世纪的硅集成电路技术。

本书共分 7 章，主要介绍 SOI 晶圆制备技术、SOI 晶圆材料力学特性与结构特性、机械致晶圆级单轴应变 SOI 技术、高应力氮化硅薄膜致晶圆级应变 SOI 技术及其相关效应、高应力氮化硅薄膜致晶圆级应变 SOI 晶圆制备、晶圆级应变 SOI 应变模型、晶圆级应变 SOI 应力分布的有限元计算。

本书主要面向硅基应变半导体理论与技术领域的研究者，同时也可作为本科微电子科学与工程专业和研究生微电子学与固体电子学专业相关课程的教学参考书。

图书在版编目（CIP）数据

晶圆级应变 SOI 技术 / 戴显英，苗东铭，荆熠博著. -- 西安：西安电子科技大学出版社，2024. 11. --ISBN 978-7-5606-7406-3

Ⅰ. TN405

中国国家版本馆 CIP 数据核字第 2024NW7883 号

策　　划　戚文艳
责任编辑　刘玉芳
出版发行　西安电子科技大学出版社（西安市太白南路 2 号）
电　　话　(029) 88202421　88201467　　邮　　编　710071
网　　址　www. xduph. com　　　　电子邮箱　xdupfxb001@163. com
经　　销　新华书店
印刷单位　陕西天意印务有限责任公司
版　　次　2024 年 11 月第 1 版　2024 年 11 月第 1 次印刷
开　　本　787 毫米×1092 毫米　1/16　印张 10
字　　数　205 千字
定　　价　37.00 元
ISBN 978-7-5606-7406-3
XDUP 7707001-1

＊＊＊如有印装问题可调换＊＊＊

在半导体产业中，硅(Si)半导体器件及集成电路的规模占到了90％以上。目前，硅集成电路已发展到了纳米技术时代，但现有的体硅材料及工艺也已达到其物理极限，无法满足先进的CMOS器件及集成电路对高速高频和低压低功耗的需求。

载流子迁移率是衡量半导体器件及集成电路性能的重要材料性能指标，因而，获得尽量高的硅半导体材料载流子迁移率具有巨大的经济价值和广阔的应用前景。采用应变硅技术，其电子和空穴迁移率理论上可以分别提升2倍和5倍，可极大提高硅半导体器件与集成电路的高频特性。随着硅半导体工艺水平的不断改进与提高，应变硅技术对于硅半导体器件与集成电路电流驱动能力的提升发挥了越来越重要的作用。

SOI(Silicon-On-Insulator，绝缘体上硅)是一种具有独特的"Si/埋绝缘氧化层/Si"三层结构的先进硅基半导体衬底材料，采用了一种全介质隔离的半导体技术。正是这种独特的隔离结构，使得SOI技术有着许多体硅技术不可比拟的优越性。

众所周知，半导体硅的禁带宽度为1.12 eV。由于禁带宽度不高，即使是非掺杂的本征硅半导体，其本征载流子浓度也较高。因而，体硅半导体器件会有较大的衬底漏电流，这会导致体硅器件的电学性能下降。而绝缘层上硅的结构是"Si/埋绝缘氧化层/Si"三层结构，其埋绝缘氧化层使得SOI晶圆材料具有全介质隔离的特性，因而SOI器件不会产生衬底漏电流。

图0.1分别是体硅衬底上的CMOS器件和SOI晶圆上的CMOS器件的对比示意。由于SOI晶圆有一层埋SiO$_2$绝缘层薄膜将CMOS器件的沟道与衬底隔离，因而SOI CMOS的沟道电流不会通过Si衬底泄漏。而体硅CMOS的沟道由于与Si衬底直接连接，因而其沟道电流会通过Si衬底泄漏。因此，在相同结构尺寸下，SOI器件的电流密度远高于体硅器件。

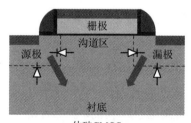

图0.1　体硅CMOS器件与SOI CMOS器件对比示意

与体硅技术相比，采用SOI技术的器件具有以下一些优势。

1. 速度高：相同尺寸下，SOI 器件的运行速度可提高 30%～40%，这是因为 SOI 技术消除了闩锁效应，减小了源-漏结间的寄生电容。

2. 功耗低：相同速度下，SOI 器件的功耗可降低 50%～60%，这是因为 SOI 器件的阈值电压小、寄生电容小。

3. 集成密度高：SOI 器件的集成度可提高约 40%，这是因为 SOI 材料是全介质隔离，相对于体硅工艺，SOI 器件的工艺可大大减少隔离面积，因而提高了集成度。

4. 低成本：SOI 器件的工艺至少可少用三块掩模板，可减少 13%～30% 的工序。

5. 耐高温环境：SOI 器件和集成电路的工作温度约为 300℃～500℃，远高于体硅衬底器件与集成电路的工作温度，这是因为 SOI 器件的漏电流比体硅小 3 个数量级。

6. 抗辐照特性好：SOI 器件与集成电路的抗辐照能力是体硅器件与集成电路的 50～100 倍，这是因为 SOI 器件的源层与衬底间有绝缘层。

7. 特别适合于小尺寸器件：全耗尽 SOI 器件的沟道效应较小，不存在体硅 CMOS 电路的体穿通问题，泄漏电流较小，亚阈值曲线陡直。

8. 特别适合于低压、低功耗电路：由于体效应的作用，降低电源低压会使体硅 CMOS 集成电路的结电容增加，驱动电流减小，导致电路速度下降。SOI 器件的体效应很小，因而低压全耗尽 SOI CMOS 集成电路具有比体硅 CMOS 集成电路更高的速度和更低的功耗。

相对于体硅衬底材料技术，SOI 技术具有速度更高（寄生电容小）、功耗更低、漏电流更小、集成密度高（隔离面积小）、抗辐照特性好、与现有硅工艺兼容等优点，在高性能超大规模集成电路、高速存储设备、低功耗电路、高温传感器、抗辐照器件、移动通信系统、光电子集成器件以及 MEMS 等领域具有极其广阔的应用前景。

而结合了应变硅和 SOI 优点的应变 SOI 技术，在未来高速、低功耗、抗辐照器件及电路应用方面，对于实现更高性能将发挥重要的推动作用。

根据 2015 年 ITRS(国际半导体技术蓝图)和 2017 年 IRDS(国际器件与系统路线图)的预测，到 2024 年的 3 nm 工艺节点，应变硅工程仍然是提高 FD-SOI CMOS 器件与电路性能的重要途径。对 2024 年后开始导入的 GAA(Gate-All-Around，全围栅)器件结构，SOI 衬底以及应变工艺的应用对降低器件功耗、降低寄生效应和提高电路运算速度依然具有重要意义。Tunnel FET 方面，随着工艺节点的深入，应变技术的应用可以显著降低器件的亚阈值摆幅。由于 SOI 材料的低漏电流特性，SOI 器件未来将在可穿戴设备、医疗、物联网应用中发挥重要作用。

我国自主硅集成电路工艺水平远低于世界水平，特别是自主军用集成电路工艺。目前军用数字硅集成电路制造工艺水平为 $0.18～0.25~\mu m$，而其中 SOI CMOS 工艺水平仅为 $0.35～0.5~\mu m$，与国际水平相差六七代，与民口相比也差四五代，产品性能与需求存在明显差距。如果仅靠投入巨资来建设先进的自主 IC 工艺线，不仅难度非常大，而且建设周期长。

要想改变这种被动局面，必须依靠基础理论和关键技术的自主创新，必须依靠新技术提升我国自主集成电路制造水平，必须依靠材料科学和微电子科学的高度融合提高集成电路的性能指标，而晶圆级应变 SOI 技术是实现上述发展的关键途径之一。

西安电子科技大学戴显英研究团队自 2008 年就开展了晶圆级应变 SOI 技术的研究，在 SOI 晶圆材料结构及相关效应、SOI 晶圆材料力学特性和热学特性、机械致晶圆级单轴应变 SOI 技术、高应力氮化硅致晶圆级应变 SOI 技术、晶圆级双轴应变 SOI 转晶圆级单轴应变 SOI 技术以及硅基半导体超高速集成电路等方面取得了一系列研究成果，获得授权发明专利和实用新型专利 27 项，发表论文 40 余篇。

本书共 7 章，各章内容如下。

第 1 章 SOI 晶圆制备技术，重点阐述 SOI 晶圆制备的注氧隔离技术(SIMOX)、硅晶圆直接键合技术(SDB)和智能剥离技术(Smart-Cut)。

第 2 章 SOI 晶圆材料力学特性与结构特性，详细阐述构成 SOI 晶圆的硅和二氧化硅(SiO_2)薄膜的材料力学特性、热学特性和 SOI 晶圆的结构特性，重点论述利用纳米压痕技术开展 SOI 晶圆顶层硅和 SiO_2 埋绝缘层薄膜的杨氏模量和硬度等材料力学特性实验，利用有限元仿真拟合计算获得屈服强度这一关键材料力学参数，并通过实验进一步研究 SOI 晶圆材料的结构特性。

第 3 章机械致晶圆级单轴应变 SOI 技术，基于梁弯曲理论与 SOI 晶圆材料力学特性，研究利用机械弯曲在 SOI 晶圆引入应变 SOI 的方法，并详细阐述此新工艺方法的应变引入与保持机理。同时，进行应变 SOI 的制备实验，包括机械弯曲台的制作、工艺方法的制订，并对所制备的样品进行了系统表征。

第 4 章高应力 SiN 薄膜致晶圆级应变 SOI 技术，研究利用高应力 SiN 薄膜淀积在 SOI 晶圆表面引入应变的新工艺方法，并对其应变机理进行深入讨论。其中包括应变引入机理、应变增强机理和应变保持机理，以及与应变机理相关的物理效应，此外还设计了验证实验对所提出的应变机理与效应进行验证。

第 5 章高应力 SiN 薄膜致晶圆级应变 SOI 晶圆制备，在前一章提出的基于高应力 SiN 淀积在 SOI 中引入应变的工艺技术以及应变机理的基础上，进行高应力 SiN 薄膜致晶圆级应变 SOI 晶圆实验，并研究顶层 Si 非晶化再结晶、SiO_2-Si 衬底界面 He^+ 注入工艺方法对应变引入的影响。基于对 SiN 薄膜应力尺度效应的研究，在 SiO_2-Si 衬底界面 He^+ 注入引入应变的基础上，再采用条形化 SiN 薄膜进行晶圆级单轴应变 SOI 制备实验。书中采用多种测试手段，对制备的样品进行应变量、应变的单双轴特性、表面缺陷密度、材料结晶质量、表面粗糙度等材料性质的表征。

第 6 章晶圆级应变 SOI 应变模型，根据 SOI 晶圆材料的弹性力学特性，以及对机械弯曲致和高应力 SiN 薄膜致晶圆级应变 SOI 应变机理的研究分析，建立了相应的应变模型，并通过实验对所建立的模型进行验证。

第 7 章晶圆级应变 SOI 应力分布的有限元计算，基于晶圆级应变 SOI 的应变模型和有限元 ANSYS 软件，分别建立了机械致和高应力 SiN 薄膜致晶圆级应变 SOI 的有限元计算模型，计算分析了 SOI 晶圆各层材料厚度、机械弯曲度、SiN 薄膜厚度与应力、SOI 晶圆尺度效应等 SOI 材料结构参数和应变 SOI 工艺参数下的机械致和高应力 SiN 薄膜致晶圆级应变 SOI 的应变和应力分布。

本书第 1 章由戴显英编写，第 2～4 章由戴显英和苗东铭编写，第 5 章由苗东铭编写，第 6 章和第 7 章由苗东铭和荆熠博编写。2021 级硕士荆熠博对全书的章节标题、图表公式编号以及目录进行了编辑处理，全书由戴显英进行统稿和审核。

本书的出版得到了国家自然科学基金项目(62074118)的资助，特此感谢。

编　者

2024 年 5 月

CONTENTS / 目　录

第 1 章

SOI 晶圆制备技术

广义的 SOI 晶圆结构如图 1.1 所示，除了顶层半导体必须是 Si 单晶薄膜外，机械衬底可以是绝缘体、导体（金属）或半导体，埋绝缘层可以是任意绝缘材料。但标准的 SOI 晶圆结构的衬底必须是体硅单晶，埋绝缘层必须是 SiO₂ 薄膜，这是因为 SOI 晶圆技术必须与硅工艺完全兼容，才能将 SOI 技术的优势发挥出来。

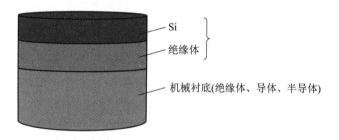

图 1.1　广义 SOI 晶圆结构示意图

基于硅晶圆衬底的 SOI 材料制备技术有区熔再结晶（Zone-Melting Recrystallization，ZMB）技术、多孔氧化硅全隔离（Full Isolation by Porous Oxidized Silicon，FIPS）技术、利用多孔硅的外延层转移（Epitaxial Layer Transfer，ELtran）技术、外延横向覆盖生长（Epitaxial Lateral Over-Growth，ETO）技术、注氧隔离（Seperation by Implanted Oxygen，SIMOX）技术、硅晶圆直接键合（Silicon-wafer Direct Bonding，SDB）技术、智能剥离（Smart-Cut）技术等，其中 SIMOX、SDB 和 Smart-Cut 是最具有竞争力的技术，而先进的 Smart-Cut 技术又是现代 SOI 晶圆产业的主流技术。

1.1 注氧隔离技术

1978 年，Izumi 等人报道了采用氧离子(O^+)注入工艺制备介质隔离器件的方法。该研究团队在 150 keV 的注入能量下将 O^+ 注入硅晶圆中，注入剂量为 1.2×10^{21} 个/cm^2；样品在 1150 ℃ 退火 2 h。俄歇电子谱分析表明，在硅晶圆表面下 3800 Å（埃）处形成了 2100 Å 厚的 SiO_2 薄膜层，这项技术被命名为注氧隔离（SIMOX）技术。

SIMOX 技术受到美国国际商用机器公司（IBM）的极力推崇，是迄今较先进和成熟的 SOI 制备技术，其工艺主要包括氧离子注入和高温退火两个过程。

如图 1.2 所示，将能量为 150～200 keV、剂量为 1.8×10^{18} 个/cm^2 的氧离子注入到硅单晶衬底中，经过 1300 ℃ 以上 5～6 h 的退火后，在硅单晶表层下面形成数千埃的埋氧化层，从而形成 SOI 材料。要在硅表面下形成 SiO_2 埋绝缘层，氧离子注入剂量必须很高，一般的临界注入剂量必须大于 1.4×10^{18} 个/cm^2。

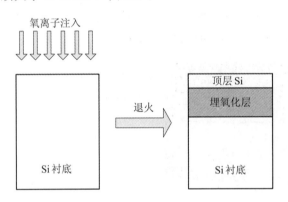

图 1.2　SIMOX 工艺制备 SOI 材料的示意图

在注入氧离子时，衬底温度是影响顶层硅质量的重要参数。若衬底温度太低，注入氧离子时会使得顶层硅完全非晶化，退火后形成多晶。最常用的衬底温度范围在 600℃～650℃。

1.1.1 氧离子注入剂量

临界剂量是指，能够在注入离子深度分布的峰值处直接形成具有一定化学配比和厚度的 SiO_2 埋绝缘层所需的 O^+ 注入剂量，O^+ 注入剂量应超过临界剂量。例如，对于能量为 200 keV 的 O^+ 注入，其临界剂量应为 1.4×10^{18} 个/cm^2，小于这个剂量，就不能形成连续的 SiO_2 埋绝缘层。

为了提高注入效率、降低成本，需要用到强束流氧注入机，因为它能提供的 O^+ 束流可达 $100 \sim 300 \ mA$，最大注入能量可达 $200 \ keV$。

高剂量的 O^+ 注入硅中，将会引起一系列与注入剂量有关的现象。一定化学配比对应的 SiO_2 埋绝缘层中 O^+ 含量为 4.4×10^{22} 个/cm^2，因此，若注入剂量为 4.4×10^{17} 个/cm^2 的氧原子足以产生 $100 \ nm$ 厚的 SiO_2 埋绝缘层。但由于离子注入的统计性质，硅中氧分布的形状不是矩形的，而是一个相当不对称的高斯分布，注入离子分布的展宽大大超过 $1000 \ \AA$，因而其峰值处并未达到 SiO_2 的化学配比。

图 1.3 给出了不同注入剂量时的氧分布。由图 1.3 可见，在低剂量时，分布曲线是不对称的高斯分布，当注入剂量高达 $(1.2 \sim 1.4) \times 10^{18}$ 个/cm^2 时，形成具有化学配比的 SiO_2（Si 原子占 33%，O 原子占 66%），当注入剂量进一步增加时，氧的峰值浓度不再增加，只是整个分布进一步展宽。这是由于氧在 SiO_2 中的扩散系数（$10^{-17} \ cm^2/s$，$500℃$）足够高，导致氧在高温退火过程中很快扩散到 Si-SiO_2 界面并把硅氧化，造成埋氧化层变厚。埋氧化层开始形成时的注入剂量（1.4×10^{18} 个/cm^2）称为临界剂量，用 Ne 表示。

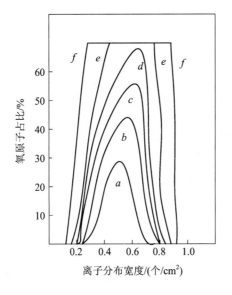

a—4×10^{17}个/cm^2；
b—6×10^{17}个/cm^2；
c—1×10^{18}个/cm^2；
d—1.2×10^{18}个/cm^2；
e—1.4×10^{18}个/cm^2；
f—2.4×10^{18}个/cm^2。

图 1.3　氧分布随注入剂量的变化

1.1.2　注入温度

O^+ 注入 Si 衬底时的衬底温度是影响 SOI 晶圆顶层 Si 质量的主要参数。由于 O^+ 质量大、注入能量高，注入时必然会对顶层 Si 产生巨量损伤，使原来的单晶硅变为非晶硅。

若注入温度太低，形成 SOI 晶圆的顶层 Si 完全是非晶硅。因非晶硅的衬底是高温退火时形成的无定形的 SiO_2 埋绝缘层，因此高温退火时非晶的顶层 Si 将形成多晶硅。

如图 1.4 所示，若注入温度足够高（大于 $500℃$），则注入过程中的非晶化损伤会因退火而消除，从而保持顶层硅膜是良好的单晶。但靶片温度过高又会造成顶层硅膜的沉淀，为避免这一现象发生，离子注入期间衬底温度的上限为 700℃ 左右，最常用的衬底温度范围为 600℃～650℃。若用大束流离子注入机(束流为 30～50 mA)注入，由于能量淀积，Si 片会自加热，影响温度的设定，因此对于样品的温度控制应考虑这一因素。

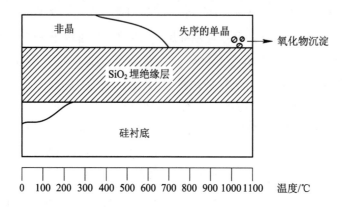

图 1.4　SIMOX 结构随注入温度变化的结晶过程

1.1.3　高温退火

离子注入后的高温退火是 SIMOX 技术形成 SOI 晶圆的重要工艺步骤。由于氧离子的注入能量和剂量都很大，因而在 Si 片中形成了严重的损伤。为了消除注入损伤，氧离子注入完成后，必须对材料进行高温退火处理。

如图 1.5 所示，高温退火的目的，一是形成 SiO$_2$ 埋绝缘层，并使顶层硅与 SiO$_2$ 埋绝缘层的界面更加陡直；二是消除 SOI 顶层硅的注入损伤，恢复顶层硅的单晶状态，保障 SOI 晶圆的质量。

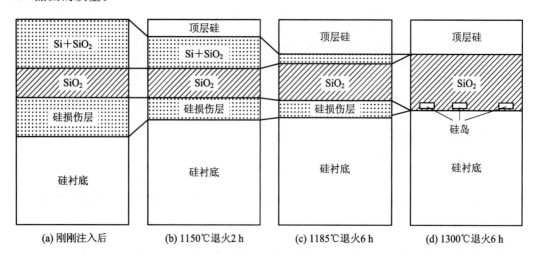

图 1.5　不同退火条件下 SIMOX SOI 结构的演变(O$^+$ 注入剂量 1.5×10^{18} 个/cm^2，注入能量 200 keV)

有研究表明，SIMOX 技术制备的 SOI 材料的质量好坏与退火温度的高低成正比。通常，退火温度高达 $1300℃\sim1350℃$，并在含氧 2‰ 的氮气中进行，以防止硅表面出现凹槽。若要在纯氮气气氛中退火，退火前应采用 CVD（化学气相淀积）方法在硅晶圆表面淀积一层 SiO_2 薄膜作为保护层。高温退火也可在氩气气氛中进行，并可获得比氮气气氛中退火更好的质量。

目前，SIMOX 技术的发展动向是低 O^+ 注入剂量和薄 SiO_2 埋绝缘层的 SOI 晶圆。低 O^+ 注入剂量可降低 SOI 晶圆的生产成本，减少对 SOI 晶圆的氧沾污。薄 SiO_2 埋绝缘层能减少短沟道效应，改善散热，提高抗辐照性能。

1.2　硅晶圆直接键合技术

硅晶圆键合技术的发展始于 20 世纪 80 年代。1985 年，IBM 公司的 Laskey 和 Toshiba 公司的 Shimbo 等提出了硅晶圆直接键合（SDB）技术后，该技术得到了广泛关注和迅猛发展，成为一种半导体器件和 SOI 制造的新型技术。

SDB 技术是指不用任何黏合剂，将两片精密抛光好的硅晶圆进行表面清洗、亲水性处理、晶向对准后，在室温或低温（$\leqslant150℃$）下直接面对面预键合到一起，然后通过热处理的方法使两个硅晶圆片的键合界面以化学键的形式结合在一起，以增强其键合强度的技术。

SDB 技术的特点是，形成的 SOI 晶圆材料的顶层硅是体硅的一部分，在该硅层上制造的 SOI 器件和 SOI 集成电路，其性能可与体硅器件和体硅集成电路相媲美，避免了用其他方法制备的 SOI 材料因顶层硅层的质量问题而引起的器件与集成电路性能的退化。

SDB 技术的优势如下：

（1）晶格失配产生的位错缺陷仅局限于键合界面区，不会迁移至器件有源区而影响器件和集成电路的性能，使不同材料之间的晶格失配问题得到了很好的解决，位错密度大大减小。

（2）键合界面原子级的结合不仅使器件具有良好的电学与光学特性，还提供了足够的键合强度，让键合后的 SOI 晶圆材料可以像单一晶体硅材料一样进行解理和切磨抛光等机械加工。

（3）构思新颖，增加了器件（特别是集成器件）设计的自由度，简化了现有工艺。

1.2.1　技术原理

如图 1.6 所示，SDB 技术的原理是，先将两个经热氧化工艺生长了一定厚度 SiO_2 薄膜的硅晶圆直接紧密结合；再将结合的硅晶圆在氮气保护下进行高温退火（$700℃\sim1200℃$）处理，使两片硅晶圆发生完全键合；利用选择性化学腐蚀与化学机械抛光技术，从其中一片硅晶圆的背面进行减薄，直到剩余硅单晶层为半导体器件和集成电路所需要的厚度为止。

相较于 SIMOX 技术，SDB 技术获得的 SOI 晶圆顶层单晶硅质量好，SiO_2 埋绝缘层均匀性、绝缘性好，且工艺简单、成本低，易于制作大尺寸的 SOI 晶圆。但由于研磨抛光技术的限制，很难获得较薄的顶层硅，而且顶层硅的平整度及厚度均匀性比较差。另外，由于是直接减薄，SDB 技术每制备一片 SOI 晶圆，就需要消耗约一片硅晶圆衬底，浪费极大。

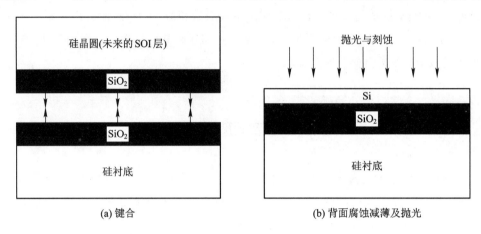

(a) 键合   (b) 背面腐蚀减薄及抛光

图 1.6 SDB 技术制备 SOI 晶圆的工艺流程

1.2.2 工艺流程

在 SDB 技术的工艺流程中，两片镜面抛光并且彻底清洁的热氧化硅晶圆在室温下就可以黏合到一起，且这个过程的发生不需要任何黏合材料或者外力的作用。当在硅晶圆上的某一个点施加一个很小的作用力之后，键合区域将会横向扩展到硅晶圆的整个区域，其全部过程需要的时间只有几秒。

1. 氧化

根据 SOI 晶圆 SiO_2 埋绝缘层薄膜厚度的要求，选择常规的干氧工艺或湿氧工艺，分别在两片硅晶圆表面生长一定厚度的 SiO_2 薄膜，如图 1.7(a) 所示。干氧工艺生长的 SiO_2 薄膜质量好，但氧化时间长、成本高，且只能生长薄的 SiO_2 薄膜。湿氧工艺生长的 SiO_2 薄膜质量稍差，但氧化时间短、成本低，可生长任意厚度的 SiO_2 薄膜。

2. 键合

将两片氧化的硅晶圆表面经亲水处理后在室温下直接结合，使两片硅晶圆依靠表面羟基（—OH）相互作用紧密结合（即亲水性结合），从而发生直接键合，如图 1.7(b) 所示。

3. 高温退火

室温下进行的氧化硅晶圆键合，仅依靠范德华力使其键合，其键合强度通常很弱。因此将两片直接键合的氧化硅晶圆在氮气或惰性气体的保护下进行高温退火处理，退火温度范围为 700℃～1200℃。高温退火处理使 SiO_2 薄膜界面发生脱水反应，形成 Si—O—Si 键，其键合强度大大增强，从而使两片氧化硅晶圆之间完全键合。

4. 减薄

采用机械研磨、化学湿法腐蚀、化学机械抛光(Chemical Mechanical Polishing，CMP)等方法，对 SOI 晶圆顶层硅进行减薄，从而将厚度为几百微米的硅晶圆减薄到几微米，甚至几十纳米，如图 1.7(c)所示。

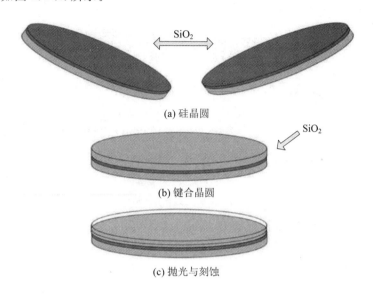

(a) 硅晶圆

(b) 键合晶圆

(c) 抛光与刻蚀

图 1.7　经过热氧化工艺的硅晶圆的典型键合工艺流程分解图

1.2.3　硅晶圆直接键合类型

对于室温下的硅晶圆直接键合过程而言，根据其工艺方式的差异，有 3 种主要的直接键合类型：① 亲水性的硅晶圆键合；② 抑水性的硅晶圆键合；③ 超高真空的硅晶圆键合。

在亲水性或抑水性的硅晶圆键合的情况下，对于大多数的键合材料，范德华力或氢桥键是键合过程的中介。然而，真实情况是，对于大多数的实际应用，在室温下进行键合过程形成化学键的能量非常弱。在室温下进行的键合工艺，只有在超高真空条件下的键合是共价性的，等价于常规键合以及之后的退火工艺。亲水性的键合工艺是目前最常用的工艺之一，并且被应用到了 SOI 硅晶圆的制造过程中。

1. 亲水性硅晶圆直接键合

在室温大气条件下，硅晶圆表面将会覆盖一层厚度为 1～2 nm 的自然氧化层，自然氧化层的绝缘性能差，通过使用强氧化溶液对硅晶圆表面进行清洗处理，可以去除自然氧化层，并生成一层新的化学氧化层。因为这种化学氧化层在氢原子的周围存在共价键，所以它将会在瞬间与水分子发生反应，在硅晶圆表面处形成硅羟基(Si—OH)，正是这种键价结构提供了硅晶圆表面的亲水特性，如图 1.8 所示。

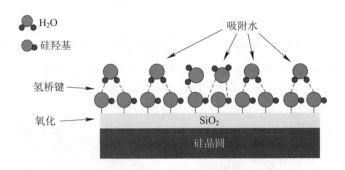

图 1.8　具有亲水性的氧化硅晶圆表面示意图

硅羟基群被一层单分子层的水分子所覆盖，两片表面各自覆盖一薄层水膜的硅晶圆通过氢桥键黏合在一起。通过这种方式黏合的键合强度很弱，大约只有 100 mJ/m^2。图 1.9 给出了一种典型的亲水性硅晶圆键合的交界面示意图，由图可见，预键合硅晶圆的氧化层表面覆盖了一层水分子的单分子层，其中，左图为室温下键合，其键合强度较低；右图为经过退火工艺之后，由交界面处的 Si—O 键带来了高键合强度。通过退火工艺，可以使这种硅晶圆表面发生不可逆转的变化。

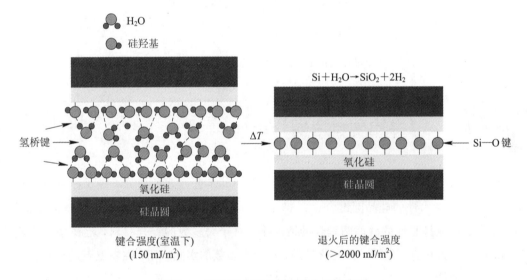

图 1.9　两片亲水性硅晶圆键合的示意图

图 1.9 左图中，键合交界面上的硅羟基通过一系列的化学反应生成强的 Si—O—Si 硅氧键：

$$\equiv SiOH + HOSi \equiv \longrightarrow \equiv Si-O-Si \equiv + H_2O \qquad (1-1)$$

式中，这种反应过程是可逆的，因此，必须想办法将水分子永久去除。如果体硅材料是封闭的，则这种处理可以很容易地通过以下化学反应式完成：

$$Si + 2H_2O \longrightarrow SiO_2 + 2H_2 \qquad (1-2)$$

当且仅当温度大于 900℃时，式(1-2)中的硅与水反应生成的氢气才可以被周围的硅材料吸收。在较低的温度下，氢气将保留在键合交界面附近，并且会移动到交界面处的气泡中。因为 SiO_2 可以有效地吸收氢气，所以如果在交界面处的 SiO_2 层足够厚（例如大于 100 nm），就能够大大地缓解空洞中氢气的问题。

应当指出的是，硅晶圆薄膜有机沾污的存在会增强键合交界面处空洞中的氢的成核现象。采用适当的清洁工艺除去预键合硅晶圆表面的碳氢化合物，可以减少交界面处的空洞，甚至使键合交界面仅仅被本征氧化层所覆盖。

2. 抑水性硅晶圆直接键合

对于某些具有特殊电学应用的键合硅晶圆而言，在键合交界面处的电学绝缘的氧化层也许并不受欢迎，但这些氧化层可以使用稀释的氢氟酸（HF）或者氨盐基氟化物来去除。通过上述处理，可以使硅晶圆表面临时只被由共价性吸引来的氢所覆盖，这时的硅晶圆表面不能与水接触，所以是抑水性的。

氢原子通过单氢化物（Si_3—Si—H）、二氢化物（Si_2—Si—H_2）、三氢化物（Si—Si—H_3）的形式连接到硅晶圆表面上，不同的氢化物形式是由氢原子被吸附到硅晶圆表面的不同步骤所导致的，主要由氢氟酸的浓度和硅晶圆的定向所决定。

同亲水性表面相比，抑水性表面更容易被碳氢化合物污染，因此，抑水性表面在经过氢氟酸处理之后，应当尽快键合。在抑水性键合后，硅晶圆的键合力由 Si—H 键的弱极间的范德华力提供。这种键要比氢原子与氧元素之间的氢桥键弱很多，其键合能只有 20～30 mJ/m^2。

更高的键合能可以通过退火过程得到，其机理是 Si—H 键会被 Si—Si 间的共价键所取代，如图 1.10 所示，其中，左图为在室温条件下，键合强度低；右图为退火后，由交界面处的 Si—Si 共价键带来的高键合能。

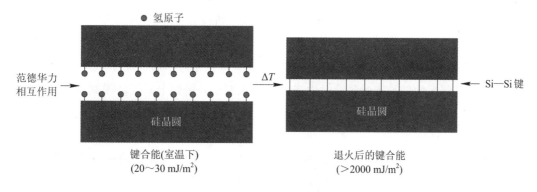

图 1.10　抑水性硅晶圆键合的示意图

图 1.11 分别描述了亲水性和抑水性硅晶圆键合的键合能与退火温度的关系曲线，图中的数值系测量值。对于亲水性键合硅晶圆的长时间退火过程而言，键合能在 100℃ 左右开始急剧增加，之后随着温度的上升键合能基本保持常量，直到 900℃ 左右再次急剧增大（涉及氧化层的黏滞流动）。对于抑水性键合硅晶圆的长时间退火过程而言，直到 300℃ 左右，键合能几乎保持常量。从 300℃ 到 400℃，氢化物变得不再稳定，氢原子脱附，氢分子

形成，且这些氢分子可以沿着交界面散播。

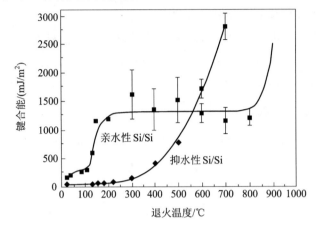

图 1.11 亲水性和抑水性硅晶圆键合的键合能与退火温度的关系曲线

由于在交界面处缺乏易吸收氢分子的氧化物层，故抑水性键合的硅晶圆在退火过程中，尤其在键合交界面处有形成气泡（空洞）的趋势。这些空洞可能会在更高的退火温度（典型值大于 800℃）下消失，其原因在于：在这种温度下，氢气会逸散到硅晶圆片体之中。

应当指出的是，氢原子从硅晶圆表面脱附的原因是热能激活，因此，其与时间和温度有关。

3. 超高真空硅晶圆直接键合

在超高真空条件下，初始时键合硅晶圆的两个键合表面被氢原子覆盖（键合硅晶圆经过氟化氢浸没处理之后），这些表面上的氢原子通过适当的加热步骤（温度在 450℃ 左右）来去除。之后将硅晶圆冷却到室温，再将两片硅晶圆相接触。不仅是在超高真空条件下，即使是在室温条件下，两片硅晶圆间也可以自发地形成共价键。

与之前讨论过的两种键合工艺相比，在室温下键合后的超高真空晶圆直接键合的键合能很高，这是由成键的共价特性决定的。这个优势，特别是对于那些经过了全工艺、只能承受很低的热量预算的硅晶圆的键合过程来说是很重要的，例如金属互联限制了能够承受的热量预算（低于 450℃ 左右）。对于不包括金属元素的硅晶圆（例如注入结），这种限制可能会放宽（低于 900℃）。

很多的实际应用并不希望在键合过程前通过加热的方法来使硅晶圆表面的氢原子脱附，也可以采用一些其他的工艺，例如可以采用短脉冲激光照射的工艺。

1.2.4 硅晶圆直接键合工艺

硅晶圆直接键合技术的主要工艺有熔融键合技术、静电键合技术、低温真空键合技术、薄膜直接键合技术、低温共熔体键合技术、粘合键合技术等。

1. 熔融键合技术

熔融键合技术主要分为两步：第一步，将两片镜面抛光的硅晶圆片（氧化或未氧化的）

经过化学处理后，在室温下面对面粘贴在一起，通过表面吸附的分子膜建立起氢键连接，完成预键合。第二步，对预键合硅晶圆进行高温退火处理，使界面原子的排列发生重组和相互熔合，形成牢固的共价键连接。硅晶圆表面的平整度、洁净度和化学吸附状态是影响键合质量的内在因素，键合温度和时间是影响键合强度的外在因素。为了提高键合强度，有时还需要施加压力以减小表面起伏，增加表面原子间的成键密度。该技术主要用于制作耐高温的 SOI 材料和中等温度下的Ⅲ-Ⅴ族材料的键合。

2. 静电键合技术

静电键合技术又称场辅助键合或阳极键合，它主要是在一定的电场作用下将玻璃与金属、合金或半导体键合到一起，而不用任何黏结剂，键合界面有良好的气密性和长期稳定性。该技术的基本原理是，把将要键合的硅晶圆接电源正极，玻璃接负极，电压为 500～1000 V。将玻璃-硅晶圆加热到 300℃～500℃；在电压的作用下，玻璃中的 Na^+ 将向负极方向漂移，在紧邻硅晶圆的玻璃表面形成耗尽层，耗尽层宽度约为几微米。耗尽层带负电荷，硅晶圆带正电荷，硅晶圆和玻璃之间存在较大的静电引力，使二者紧密接触，这样外加电压就主要加在耗尽层上。

通过电路中电流的变化情况可以反映出静电键合的过程。刚加上电压时，有一个较大的电流脉冲，然后电流减小，最后几乎为零，说明此时键合已经完成。该技术主要应用于传感器封装工艺中，利用静电键合技术还可以制作玻璃衬底的 SOI 材料（即硅薄膜/氧化硅/玻璃衬底）。

3. 低温真空键合技术

低温真空键合技术也称离子辅助键合技术。硅晶圆片直接键合前用等离子体活化其表面，在低温真空条件下就可以实现较高的键合强度。这种键合技术相比于热键合技术大大降低了键合温度，避免了不同材料间的热失配问题，所以广泛应用于光电子器件、微机械智能系统、三维器件以及复杂的多层器件等。

4. 薄膜直接键合技术

薄膜直接键合技术的基本过程是，首先在晶格匹配的衬底上生长牺牲层和所需要的薄膜材料，然后粘到涂有蜡状物质的玻璃支撑片上，再用选择性湿法刻蚀技术除掉牺牲层，这样薄膜材料就转移到玻璃片上了。最后这种附着在玻璃上的薄膜材料与光滑的衬底材料键合，去掉蜡状物后，所需材料就转移到了衬底上。

薄膜直接键合技术工艺适用于制作复杂的三维器件，可应用于 LED 阵列、激光器、MOSFET、HEMT（High Electron Mobility Transistor，高电子迁移率晶体管）等与硅衬底的集成。

5. 低温共熔体键合技术

低温共熔体键合技术是指，先采用溅射或蒸发的方法在需要键合的硅晶圆片表面上镀上一层熔点较低的金属（如 Au-Sn 或 Pd-Ge），将两个镀层接触并加热至 300℃左右，以金属作为键合介质的键合技术。该技术的优点在于：① 键合温度低，有利于键合工艺与其他工艺的兼容；② 键合界面由金属构成，合金有很好的延展性，可以消除热键合应力的影响。然而这种技术会导致键合界面的光损耗过大，所以不适合应用于 DBR（Distributed Bragg Reflector，分布式布拉格反射）与有源层之间的键合。

6. 粘合键合技术

粘合键合技术也称聚合物键合技术，是指利用聚合物薄膜作为键合介质的键合技术。粘合键合技术具有键合温度低（可以低于 100℃，这依赖于聚合物的选择）、与 CMOS 集成电路相兼容，可以键合表面具有结构或图案的硅晶圆片（图案或花纹的高度要低于薄膜的厚度），以及键合强度高、成本低等优点。不足之处在于，键合的密闭性不好，热稳定性和时间稳定性有限。常用的聚合物有环氧化合物、热塑塑料和光刻胶等。这种键合技术主要用于封装、CMOS 混合集成电路和 MEMS/MOMS 器件等，不适用于对密封性要求极好的封装和高温下使用的器件。

表 1.1 给出了各种键合技术之间的工艺条件及适用范围的比较。从表 1.1 中可以看出，在不同的键合技术中，如何降低退火温度、提高洁净度以及设备条件是键合技术需要解决的最重要问题。

表 1.1　各种键合技术的比较

键合技术	键合温度/℃	工艺	洁净度要求	设备	键合材料	键合质量
熔融键合技术	500～1000	简单	中	简单	Ⅲ、Ⅳ、Ⅴ族半导体材料	一般
静电键合技术	300～450	简单	中	复杂	玻璃与导体、半导体	好
低温真空键合技术	30～500	复杂	高	复杂	Ⅲ、Ⅳ、Ⅴ族半导体材料	很好
薄膜直接键合技术	30～500	复杂	高	简单	Ⅲ、Ⅳ、Ⅴ族半导体材料	好
低温共熔体键合技术	200～400	简单	中	简单	Ⅲ、Ⅳ、Ⅴ族半导体材料，合金	好
粘合键合技术	100	简单	中	简单	Ⅲ、Ⅳ、Ⅴ族半导体材料	好

1.3　智能剥离技术

智能剥离技术（Smart-Cut）是继 SIMOX 技术和 SDB 技术之后最重要的 SOI 晶圆制备技术。智能剥离技术是一种建立在硅晶圆氢离子（或氦离子）注入和低温直接键合基础上的 SOI 材料制备技术，该技术结合了 SIMOX 技术和 SBD 技术的优点，且克服了它们成本高、SOI 晶圆材料质量差等不足，是目前制备 SOI 晶圆最重要的技术。

1.3.1　技术原理

　　智能剥离技术原理是，将一定能量(决定了注入深度和形成 SOI 晶圆后顶层硅的厚度)和一定剂量(决定剥离温度)的 H^+(氢离子)或 He^+(氦离子)注入到 Si 片中，形成 H^+ 或 He^+ 起泡层；然后将注 H^+ 或注 He^+ 的 Si 片与一个支撑 Si 片键合(两个 Si 片至少有一片的表面要有热氧化的 SiO_2 覆盖层)；经适当的热处理(大约 400℃～600℃)后，使注 H^+ 或注 He^+ 的 Si 片从起泡层完整分裂开，最终形成 SOI 结构，如图 1.12 所示。

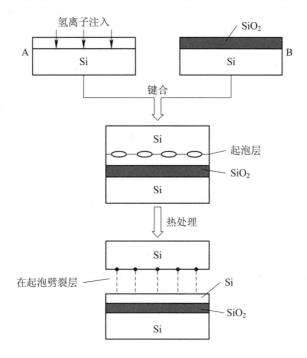

图 1.12　智能剥离技术原理示意图

　　当注入硅晶圆的 H^+ 剂量大于 $2×10^{16}$ 个/cm^2 时，可在硅体内形成一个气泡层。在退火过程中，气泡内压强随退火温度的升高而增大。同时，硅中的氢向注入峰值附近扩散，并聚集形成充满氢气的微泡，使气泡数量增多。达到一定温度时，气泡内气体热膨胀产生足够的压力，使得覆盖其上的硅薄膜与基体分离。

　　如果将注氢的硅晶圆与另一个支撑片紧密结合在一起，气泡在平行于硅晶圆表面的方向生长，直至整个注入片从气泡层完整分裂开。如果注氢的硅晶圆表面未与其他支撑片结合，退火将使得注氢硅晶圆的表面产生不均匀的小面积顶层硅膜剥落，即产生表层剥离，或在硅晶圆表面形成砂眼。

　　智能剥离技术的关键在于高质量的低温键合和采取适当的退火方法增强键合强度，并顺利实现"智能剥离"。

1.3.2 技术优点

与 SIMOX 技术和 SDB 技术相比,智能剥离技术的最大优点是能尽可能高效地利用原材料,具有 SDB 技术和 SIMOX 技术两者的优点,同时更具有以下特有优点:

(1) 成本低。

智能剥离技术利用成熟的离子注入技术,氢离子的注入剂量约 5×10^{16} 个/cm^2,比 SIMOX 技术注氧剂量小 1～2 个数量级,而且可在常规的离子注入机上进行,注入时间也短得多。与 SIMOX 技术相比,智能剥离技术更经济、省时,可大幅度降低成本。

(2) 注入损伤非常小。

H$^+$ 是轻质量离子,比 O$^+$ 的原子质量小得多,因此,H$^+$ 注入时对上层硅膜造成的损伤比注 O$^+$ 小得多,得到的硅膜单晶质量比 SIMOX 好得多。这是因为对于 H$^+$、He$^+$ 注入来说,它们在硅中的大部分射程内是电子阻止,注入损伤很小,只在射程末端才是核阻止,造成硅原子位移,使注入损伤集中在射程末端的气泡层附近。

(4) 可获得任意厚度 SOI 晶圆。

SOI 晶圆顶层硅单晶薄膜的厚度由注入离子的能量决定,只需改变注入能量,就可得到均匀的、不同厚度的顶层硅单晶薄膜,能满足各种类型 SOI 器件与集成电路的需要。

(5) SiO$_2$ 埋绝缘层质量高。

Smart-Cut 埋层中 SiO$_2$ 的厚度变化范围大,而且是高质量的热氧化层,比 SIMOX 技术的 SiO$_2$ 层更为致密,且没有漏电通道。Si/SiO$_2$ 界面也更陡直,不存在 SIMOX 技术中常见的 SiO$_2$ 沉淀或过渡层。

(6) 解决了 SDB 技术的减薄难题。

智能剥离技术可获得任意厚度的 SOI 晶圆顶层硅薄膜,而且被剥离的硅晶圆经抛光后可重新使用,材料成本比 SDB 技术少。

(7) 工艺简单、成熟。

智能剥离技术得到的单晶层厚度均匀、可控;工艺简单,热处理可在普通的炉中进行,与现有的微电子和集成电路工艺能很好地兼容。

另外,智能剥离技术完全可以脱离传统 SOI 晶圆的硅/氧化硅/硅这种固定结构模式。例如,顶层硅半导体层可由锗、锗硅、锗锡等硅基半导体材料取代,SiO$_2$ 埋绝缘层薄膜可由 SiON、SiN、AlN 等绝缘材料取代,硅衬底半导体可由玻璃、金属等基体材料取代,从而实现广义的 SOI 定义。

1.3.3 工艺流程

根据图 1.12 所示的技术原理图,智能剥离技术制备的主要过程包括以下 4 个步骤。

（1）离子注入。

在室温条件下，以一定能量向硅晶圆 A 注入一定量的 H^+ 或 He^+，在硅表面层下产生一气泡层。

（2）低温键合。

将硅晶圆 A 和硅晶圆 B 进行严格的清洗处理后，在室温下键合。硅晶圆 A 与 B 之间至少有一片的键合表面用热氧化法生长 SiO_2 层，用以充当 SOI 结构中的埋绝缘层，B 片将成为 SOI 结构中的支撑片。

（3）退火剥离。

退火剥离基本上分两步：第一步，使键合后的硅晶圆在注入 H^+ 的高浓度层位形成气泡层，并发生剥离，剥离掉的硅层留待后用，余下的硅层作为 SOI 结构中的顶部硅层；第二步，进行高温热处理，提高键合界面的键合强度并消除 SOI 层中的注入损伤。

（4）抛光。

对 SOI 晶圆片进行化学机械抛光，可降低表面粗糙度，以满足器件和集成电路制造的工艺要求。

1.3.4　低温键合工艺关键

在用常规键合方法制备 SOI 晶圆的过程中，需要经过高温退火过程。高温退火不但加大了半导体制造工艺的成本，而且对于键合晶圆存在着诸多不利影响。低温直接键合工艺就是在利用 Smart-Cut 技术制备 SOI 晶圆片时，既能够引入键合工艺，但又避免高温退火过程。

低温直接键合的工艺过程是：两片经镜面抛光、平整度在一定范围内的硅晶圆，在亲水性处理前通过一定的辅助手段处理（如氧等离子/氩气活化处理），在室温或低温（≤150℃）下相互接近时，靠范德华力黏结在一起，形成预键合，再经过低温（500℃～600℃）热处理，使键合界面进一步发生化学反应，以增强键合表面能（不小于 2200 mJ/m^2 或键合界面抗拉强度达到 150～200 kg/cm^2），提高键合强度。低温直接键合工艺主要流程如下：

1. 化学机械抛光处理（CMP）

将准备键合的硅晶圆，先进行表面化学机械抛光处理（Chemical Mechanical Polishing，CMP）处理。CMP 工艺处理的目的有两个：一是将硅晶圆表面的氧化层厚度减薄到所需要的厚度；二是降低两硅晶圆表面的微粗糙度，以提高其表面的平整度。

2. RCA 清洗

清洗（浸洗或化学喷射）的目的是除杂和形成合适的表面化学态，一般是用 RCA 溶液进行常规清洗。RCA 是美国无线电公司（Radio Corporation of America）的简称，它在 1960 年发明了一种后来被集成电路制造广泛采用的清洗方法，即 RCA 标准清洗法。

RCA 清洗法的主要过程如下：

（1）丙酮超声清洗 5 min，余液回收，去离子水清洗；

（2）酒精超声清洗 10 min，余液回收，去离子水清洗；

（3）1 号液清洗，去离子水清洗；

（4）2 号液清洗，去离子水清洗；

（5）甩干或吹干（硅晶圆可通过 4%HF 浸泡的方式去除表面水膜）。

RCA 清洗法的 1 号液（氨水：双氧水：水＝1:1:5）可以氧化有机薄膜，去除Ⅰ族、Ⅱ族金属，也可去除 Au、Ag、Cu、Ni、Zn、Cd、Co 和 Cr 等金属杂质。同时，它可以分解硅晶圆表面自然生长的薄氧化层并氧化生成新的氧化层。这样，腐蚀与再氧化相结合，有助于去除硅晶圆表面的杂质。NH_4OH 腐蚀 Si 表面在其表面产生微小起伏，导致硅表面的平整度降低。为了降低这种效应的影响，可适当减小 NH_4OH 的含量（使 H_2O：H_2O_2：NH_4OH＝20:4:1），此种溶液称为改性 RCA。它可以减小硅晶圆清洗处理过程对质量的影响。

RCA 清洗法的 2 号液（盐酸：双氧水：水＝1:1:5）可以去除不溶于 NH_4OH 的碱性离子和阳离子杂质，如 Al^{3+}、Fe^{3+}、Mg^{2+} 等。同时也可去除上一步未去除的金属杂质，如 Au 等。

3. 等离子活化处理

将 RCA 清洗后的硅晶圆在预键合前进行氧等离子活化处理，可以提高硅晶圆的界面能（一般可提高 6～10 倍）。氧等离子体是利用射频激励方法产生的，所用装置如图 1.13 所示。

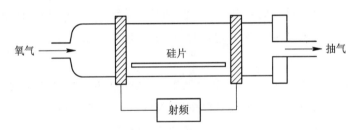

图 1.13　氧等离子活化处理装置

等离子活化处理方法的本质是氧等离子清洗，即用氧等离子体通过化学或物理作用对硅晶圆表面进行处理，实现分子级的沾污去除（一般厚度在 30～300 Å），以提高其表面的活性。

等离子体是物质存在的一种基本形态（物质的第四态），是电离的气体，它由电子、原子、分子或自由基等粒子（如离子和中性粒子）构成，其中的正电荷和负电荷总数在数量上总是相等的，总体呈现电中性。

等离子体处理方法广泛应用于改变物体表面特性，具体的物理过程和化学反应效果取决于反应装置的功率、反应气体、反应容器的大小和形状等因素。当氧等离子体与硅晶圆表面作用时，发生如下化学反应：

$$O_2 + e \longrightarrow 2O^* （等离子体） + e^- \qquad (1-3)$$

$$O^* + 有机物 \longrightarrow CO_2 + H_2O \qquad (1-4)$$

$$\text{Si—O} + \text{O}^+ \longrightarrow \text{Si}^+ + \text{O}_2 \tag{1-5}$$

处理结果是增大了硅悬挂键的数量，硅晶圆表面被激活，这也是通过低温退火处理能够达到键合界面强度使用要求的主要原因。

4. 亲水性处理

亲水性处理就是用化学溶液使硅晶圆表面形成含有非桥键的羟基(—OH)的二氧化硅层，以使硅晶圆表面具有亲水性。亲水性处理溶液必须满足以下三个基本条件：

(1) 亲水性处理后，硅晶圆表面必须生成含有羟基(—OH)的二氧化硅薄层，其厚度应小于 1.5 nm 以使不影响载流子的运输；

(2) 亲水性处理后不改变原始硅晶圆表面的平整度，应满足腐蚀量小于 30 nm 的条件；

(3) 亲水性处理溶液对硅晶圆表面的去污能力强，因为当硅晶圆表面有金属杂质沾污时，杂质聚集在表面会使键合质量下降。

5. 室温预键合

亲水性处理后的洁净硅晶圆表面形成一层薄的氧化膜，且会被—OH 原子团终结，形成—OH 悬挂键，同时表面吸附一些水分子。当两片具有亲水性表面的硅晶圆接触以后，—OH 中的氢会作为桥将不同表面的—OH 原子团连接在一起。氢键的存在保证了最初的键合，此时硅晶圆表面微粗糙度(Roughness Measurement of Surface，RMS)的容限为 1 nm。

从微观角度上讲，当两硅晶圆接触时，是靠短距离范围内分子间的作用力黏结在一起的，如范德华力。分子间的作用力比共价键低 1～2 个数量级，主要由三部分组成：① 偶极子间的作用力；② 偶极子诱导的极化和非极化分子间的作用力；③ 非极化分子间的离散力。分子间作用力的键合界面发生如下反应：

$$\text{Si—OH} + \text{Si—OH} \longrightarrow \text{Si—O—Si} + \text{H}_2\text{O} \tag{1-6}$$

$$\text{Si} + 2\text{H}_2\text{O} \longrightarrow \text{SiO}_2 + 2\text{H}_2 \tag{1-7}$$

其中，一硅晶圆上有较厚的氧化层，另一硅晶圆上的氧化层较薄或没有，有利于以上反应进行。有较薄(或没有)氧化层的硅晶圆提供反应所需的硅，而 H_2 可以溶解在较厚氧化层的硅晶圆的氧化层中，使界面处不形成气泡而影响键合强度。然后进行热处理使反应完全，氢气扩散至氧化层，并形成共价键结构的 SOI 晶圆。

6. 键合硅晶圆性能表征

表征硅晶圆键合质量的主要指标有键合表面能、键合强度、空洞率、有源区厚度的均匀性等方面。

(1) 表面能(Surface Energy)。

表面能(2γ)应不小于 2000 mJ/m²，可用如图 1.14 所示的插入刀片法测定。其中，γ 由下式确定：

$$\gamma = \frac{3}{8} \frac{E t^3 y^2}{L^4} \tag{1-8}$$

式中，E 为弹性模量（杨氏模量），对于 Si(100)，$E = 1.66 \times 10^{12}$ dyne/cm^2，γ 的单位为 erg（1 J = 10^7 erg）。

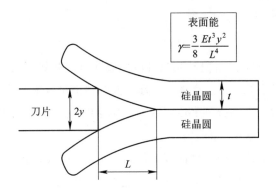

图 1.14　用插入刀片法测定键合强度（表面能）示意图

（2）键合强度。

图 1.15 是测定键合强度的装置示意图。用环氧树脂将键合硅晶圆固定到拉力夹具上，对其进行拉力（F）测试。通过测量硅晶圆被拉开的键合面积 A，可得到键合强度 S：

$$S = \frac{F}{A} \tag{1-9}$$

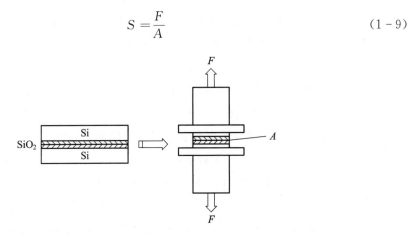

图 1.15　键合强度测定装置

（3）空洞率。

空洞的产生主要是由于表面清洗不彻底，或者是在清洗和预键合过程中各种微粒（如尘埃）沾污、表面划伤、晶格不匹配、界面存在残留杂质和过剩氧原子以及局部存在自然氧化膜等因素所引起的。此外，原始硅晶圆平整度不佳也会产生空洞。空洞率就是空洞总面积与键合硅层总面积之比。空洞一般可用 X 射线形貌图、超声反射法和红外线透射法来检测。空洞率的检测装置如图 1.16(a)所示，该装置包括红外光源和一个红外感应摄像机。检测时，将键合好的硅晶圆放置于红外光源和红外感应摄像机之间。图 1.16(b)所示是经过常规 RCA 清洗之后采用低温 SiO$_2$/SiO$_2$ 直接键合硅晶圆的红外透射图像，从图中可看出整个硅晶圆键合十分完整。

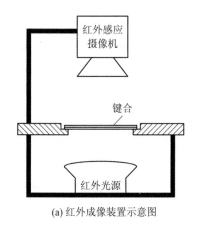

(a) 红外成像装置示意图

(b) 低温键合后硅晶圆的红外透射图像

图 1.16　红外线透射法

（4）有源区厚度的均匀性。

有源区厚度的均匀性对器件的成品率和性能都有直接影响，因此要求原始硅晶圆的厚度均匀性要好。厚度一般采用解理法用测量显微镜或扫描电镜测量，也可采用非破坏性的红外光谱法测量。厚度均匀性一般可控制在小于 10% 的范围内。

1.3.5　氢离子注入

离子（H^+）注入，即是利用离子注入机将 H^+ 以一定的能量均匀地注入硅晶圆中。其中注入剂量决定了注入 H^+ 层的厚度，注入能量决定了注入深度。

（1）氢离子的注入剂量是气泡形成与表层剥离的关键因素，低于一定的注入剂量就难以在硅晶圆中形成微气泡，更不可能产生表层剥离的物理现象。另外，在这些影响硅晶圆表面结构与形貌的参数中，靶温也是一个非常重要的参数：离子注入时靶的温度越高，注入的氢离子就会更快地离开靶体，降低有效离子注入剂量，甚至在注入过程中使靶片表面发生变形，产生砂眼、剥离等现象。一般在室温下注入氢离子，并采用较低的束流密度以减少自加热效应。注入时，使离子束偏离样品法线 7° 以避免沟道效应。

（2）注入离子的能量决定了注入离子在硅晶圆中的深度，也决定了气泡层的位置、砂眼覆盖层的厚度和剥离坑的深度。剥离层的厚度随注入离子的能量的增加而增大。同时，注入离子的能量还影响砂眼的产生和剥离的临界温度，以及砂眼和剥离坑的面积。

1.3.6　退火剥离

智能剥离技术的最后一个工艺过程是退火剥离，退火的温度和时间与氢离子注入剂量和氢气在硅晶圆中的行为有关。通过退火，使起泡层中氢气的压强增大，小的氢气气泡随之增大，小气泡连接成大气泡，直到氢气压强足够大，将键合的 SiO_2/Si 复合薄膜从其氧化的硅晶圆中剥离，最终形成 SOI 晶圆。

1. 氢在硅晶圆中的行为状态

氢是一种活泼的元素,在注入硅晶圆后,能立即与硅中的杂质、缺陷和悬挂键结合形成多种氢复合体(H-related complex),其中最主要的有硅烷型(silanic)、键中位置型(bond-center)、反键中位置型(anti-bonding)等。此外,还会有少量的氢处在晶格的间隙位置,它们以分子态或原子态存在。在退火之前,注入的氢离子主要都以这些形态存在。然而无论氢以何种形式存在,都会引起晶格的膨胀,这可以由摇摆曲线低角度方向出现的应变层的衍射峰看出。

当氢离子注入硅单晶中后,一部分氢离子存在于硅原子晶格的间隙位置,另一部分氢离子存在于晶体中的缺陷和气泡与小平面当中。晶格中的氢原子主要与硅原子形成多种复合体使晶格膨胀,从而会在晶格中引入应变,而在气泡和缺陷中的氢原子却不会产生这种作用。

晶格中各种复合体的热稳定性各不相同。在退火过程中,它们或转变成其他的复合体,或变成氢分子、氢原子。复合体中的氢与硅原子化合,基本上被禁锢在原地,无法移动;氢分子由于其体积比较大,在硅晶格中移动也需要较大的能量,因此移动相当缓慢,而氢原子的体积相当小,在硅晶格中移动非常迅速。可以认为,一旦氢原子在晶体中形成,它将迅速扩散到晶体其他位置。利用 ERDA 测量的氢是硅晶体中存在的所有形态氢的总和,但由于氢原子的迅速扩散,可以认为所测得的仅为氢分子和氢复合体中氢的总和。

硅晶体中的应变主要是由晶格间隙位置的氢(包括在晶格中的各种复合体和在晶格间隙位置的氢分子)所引起的,并将其他因素忽略;假设在硅晶体中氢的密度较低的情况下,晶体的应变强度与间隙氢的密度成正比。在 200℃ 退火之后,由于应变和 ERDA 的结果都没有发生明显变化,因此可以认为在晶格中的氢原子总量与在晶格间隙位置的氢原子的密度都没有明显变化。在退火过程中,氢的分布向样品的深处扩展。根据 TRIM96 模拟的结果,离子注入的损伤区域比离子的投影射程略浅。注入损伤区的硅原子的悬挂键将捕捉自由的氢原子,从而阻止氢原子向表面扩散,这可能是氢原子在样品中的分布向样品深处移动的原因。

2. 形成氢气气泡层

当退火温度在 300℃～350℃ 时,晶体中发生了较大的变化,摇摆曲线中的散射信号迅速增加,应变也迅速减小,这意味着氢原子继续离开晶格间隙位置。FTIR 的实验也表明此时许多与氢相关的吸收峰迅速衰减,也就是氢复合体瓦解。Si－H－H－Si 是最主要的复合体之一,两个氢原子之间的相互作用是氢键,非常容易断裂。一般认为它的瓦解产生了氢分子而且在晶体中产生了裂缝。在离子注入的过程中,会产生大量的空位和间隙原子。在退火过程中,由于自由能的缘故,空位相互结合形成更大的空位,最后形成气泡。

3. 剥离行为

在比较高的退火温度下,氢分子已经能够在硅晶体中比较自由地移动。氢分子在裂缝和空位中的自由能比其在晶格间隙中的自由能低，于是在裂缝和气泡中逐渐充满了氢气，而且压力迅速增强。再由于裂缝的特殊结构，以及其附近大量的容易分解的 Si—H—H—Si 复合体，使裂缝以比气泡膨胀高得多的速度迅速扩展，并且相互连接起来。此时，在样品的表面就可以形成砂眼和剥离的现象。裂缝的半径在退火之前只有几纳米，而退火之后已扩展到几十纳米。氢原子在剥离的过程中有两种作用：一是与硅原子产生化学作用，形成复合体，并在退火的过程中形成裂缝；二是在裂缝与气泡中产生巨大的气压，使裂缝迅速扩展，并产生剥离的物理作用。

本 章 小 结

　　本章对注氧隔离、硅晶圆直接键合和智能剥离这三种目前制备 SOI 晶圆的主流技术的技术原理、技术特性、工艺流程、关键工艺参数等进行了系统全面的阐述。对于注氧隔离技术，重点阐述了氧离子注入剂量和退火温度对 SOI 晶圆质量的影响。对于硅晶圆直接键合技术，重点阐述了高温键合的类型和关键工艺。对于智能剥离技术，重点阐述了低温键合工艺和退火剥离工艺。

第 2 章

SOI 晶圆材料力学特性与结构特性

 SOI 晶圆是一种具有特殊的三层结构的半导体衬底材料,其标准结构是顶层 Si 单晶薄膜-SiO$_2$ 埋绝缘层-Si 单晶衬底,其材料性质主要体现在顶层 Si 单晶薄膜和 SiO$_2$ 埋绝缘层薄膜的材料特性上。本书研究的机械致与高应力 SiN 薄膜致晶圆级应变 SOI 工艺方法,与 SOI 晶圆材料的力学与结构特性密切相关,其弹塑性力学性质和热学性质对应变 SOI 的应力引入、应变机理以及制作工艺有直接影响。因此,SOI 晶圆材料的力学特性与结构特性是研究其制备方法、应变机理及其相关效应的理论基础。

 本章采用 Si、Si 表面氧化以及 SOI 晶圆,利用纳米压痕实验,对构成 SOI 晶圆的体 Si、SiO$_2$ 薄膜、Si 薄膜的硬度、杨氏模量以及屈服强度进行了研究,为制备工艺的制订及其应变机理和相关效应的研究奠定了理论基础。

2.1 SOI 材料力学特性

 由于构成 SOI 晶圆的单晶 Si、SiO$_2$ 材料的力学和弹塑性特性与本书所提出的晶圆级应变 SOI 制作方法密切相关,是探讨应变引入方法的可行性、阐述其应变机理的重要理论基础,因此需要对 Si 和 SiO$_2$ 的材料特性进行深入研究。

2.1.1 Si 材料力学特性

 室温下晶体 Si 受力易碎裂,延展性较差,而且在 800℃ 以上会发生塑性形变。温度范围为 950℃～1400℃ 时,其抗拉强度将由 $3.5×10^8$ Pa 下降到 $1×10^8$ Pa。晶体 Si 的力学强度还与其表面工艺、杂质含量等因素有关。

表 2.1 给出了晶体 Si 的热学和力学性质。当温度为 400 K～873 K 时，其各个晶向的弹性常数与温度满足以下关系：

$$\begin{cases} C_{11}=16.38-1.28\times10^{-3}T \\ C_{12}=5.92-0.48\times10^{-3}T \\ C_{44}=8.17-0.59\times10^{-3}T \end{cases} \qquad (2-1)$$

式中，弹性常数的单位是 Pa。

表 2.1　Si 的热学和力学性质

性　质	参　数
硬度(Knoop)/GPa	9.5～11.5
弹性常数/$\times10^{11}$ Pa	$C_{12}=0.6394$, $C_{11}=1.6564$, $C_{44}=0.7951$
杨氏模量/$\times10^{11}$ Pa	$E_{[110]}=1.69$, $E_{[100]}=1.31$, $E_{[111]}=1.87$
泊松比({111}面)	$\sigma_{111}=0.260$($\sigma_{100}=0.28$, $\sigma_{110}=0.29$)
屈服强度/GPa	12.0
临界剪切应力/MPa	1.85
断裂应力/$\times10^3$ Pa	15～50
热导率(300 K)/ W·(cm·K)$^{-1}$	1.313, 1.50
熔点/℃	1420, 1414
线膨胀率/K^{-1}	4.2×10^{-6}(800 K), 2.6×10^{-6}(300 K)
凝固时体积膨胀率/%	9±1
蒸气压/Pa	1.33×10^{-5}(1000℃), 1.33×10^{-8}(800℃)
熔化热/(kJ·g^{-1})	1.8

2.1.2　SiO$_2$ 材料力学特性

SiO$_2$ 为 SOI 晶圆常见的埋绝缘层材料，SiO$_2$ 通常具有无定形结构，其材料性质与制备工艺密切相关，表 2.2 列出了 SOI 晶圆 SiO$_2$ 埋绝缘层薄膜的热学和力学性质。由于 SiO$_2$ 的屈服强度小于单晶 Si，因而在一定条件下，SiO$_2$ 薄膜会发生塑性形变，而单晶 Si 只能发生形变。

表 2.2　SiO₂ 薄膜的主要力学和热学性质

性　质	参　数	性　质	参　数
热膨胀系数/$10^{-6} \cdot K^{-1}$	0.5	剪切模量/GPa	31
泊松比	0.17	杨氏模量/GPa	46～92
热导率/[W/(m·K)]	0.014	弹性极限/MPa	155
熔点/℃	约1700	抗张强度/MPa	110
密度/(g/cm³)	2.20	抗压强度/MPa	690～1380
比热容/[J·(g·℃)]⁻¹	1	屈服强度/GPa	8.4

表 2.3 给出了采用不同工艺制备的 SiO₂ 薄膜的杨氏模量和断裂强度，可以发现，SiO₂ 的杨氏模量和断裂强度因为工艺方法的差异而不同。

表 2.3　不同工艺的 SiO₂ 薄膜杨氏模量和断裂强度

工艺方法	SiO₂ 薄膜厚度/μm	杨氏模量 E/GPa	断裂强度 σ_f/MPa
PECVD	1.0	60.1±3.4	364±57
PECVD	0.5	64±7	365±67
PECVD, LPCVD	1～3	64±2, 61±2	—
热氧化	0.4	85±13	—
热氧化	1	64	—
体 SiO₂	—	73	—

2.1.3　SOI 晶圆的屈服特性

受到压缩或者拉伸的固体材料，出现塑性形变的临界点称为材料的拉伸或压缩屈服极限。作为判断是否达到屈服状态的标准，屈服极限与应力分量、材料温度以及材料力学特性等因素相关。

由材料的弹塑性力学特性可知，在弹性形变区，作用力的加载或者卸载过程服从应力应变的线性比例关系，即广义胡克定律；而在塑性形变区，作用力的加载过程服从塑性形变规律，卸载过程则服从弹性形变的胡克定律。

1. 无机材料屈服特性的应力应变曲线

图 2.1 所示为无机材料拉伸试验的应力应变曲线，A 点处的应力 σ_A 称为比例极限，OA 为直线，B 点处的应力 σ_0 称为弹性极限，此处代表材料形变由弹性形变区进入塑性形变区，即材料的屈服极限。

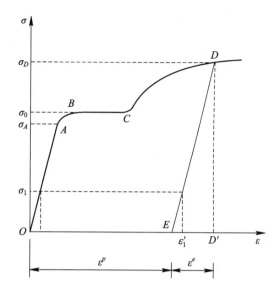

图 2.1　简单拉伸的应力应变曲线

应力超过 σ_A 时，应力应变曲线不再是直线，但材料仍处于弹性形变区。若在到达点 B 之前卸载作用力，则卸载阶段的应力应变曲线仍然按照原来的路径恢复到初始状态。

当应力 $\sigma \geqslant \sigma_0$ 时，卸载阶段的应力应变曲线不再按原来的路径恢复到原来状态，即材料发生塑性形变。BC 称为塑性平台阶段，这时材料发生应变，但应力的大小保持不变，这种现象称为塑性流动。若应力达到点 σ_D 之后再进行卸载，卸载阶段的应力应变曲线会由 D 点沿路径 DE 到达 E 点，OE 段为塑性形变区，ED 段为弹性形变区。

可以看出，应变由塑性形变 ε^p 和弹性形变 ε^e 两部分组成，即应变 $\varepsilon = \varepsilon^e + \varepsilon^p$。若作用力在 D 点卸载时重新加载，则在 $\sigma < \sigma_D$ 之前发生弹性形变，而在 $\sigma \geqslant \sigma_D$ 时发生塑性形变。

在线性弹性形变区，应力应变关系可以由胡克定律表示，即

$$\sigma = E\varepsilon \tag{2-2}$$

式中，E 为杨氏模量，ε 为应变，σ 为应力。

2. 单晶 Si 的屈服特性

单晶 Si 的应力应变曲线如图 2.2 所示，由图可知，单晶 Si 的屈服极限约为 11 GPa。当 $\varepsilon \leqslant 0.15$ 时，应变随加载的应力线性增加，材料发生弹性形变；当 $0.15 \leqslant \varepsilon \leqslant 0.28$ 时，材料的应变量增大而应力保持不变，约为 11 GPa，即材料处于屈服平台，这种现象与材料相变相关；当 $\varepsilon > 0.3$ 时，随着载荷的增大，应变非线性增加，直到 $\varepsilon \approx 0.5$。此后应力会显著减小，材料结构被破坏。

图 2.3 展示了单晶 Si（(111) 晶面，[110] 晶向）发生塑性形变的剪应力与温度的变化关系。由图可见，随着温度的升高，单晶 Si 的屈服强度明显减小，700 K 后，屈服强度减小到 100 MPa 以下，因此，高温下单晶 Si 更容易发生塑性形变。

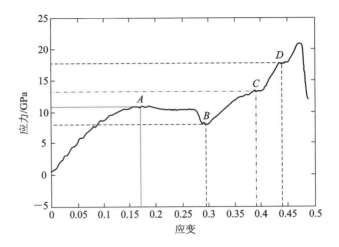

图 2.2　单晶 Si 的应力应变曲线

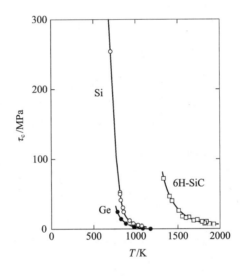

图 2.3　单晶 Si 的屈服强度与温度的关系

2.2　SOI 晶圆力学特性的纳米压痕实验

2.2.1　纳米压痕实验原理与设备

1. 实验原理

纳米压痕技术也称为深度敏感压痕技术，它利用不同形状及不同尺寸的压头（探针）压入被测量材料，由计算机程序控制载荷的连续变化，通过高分辨率传感器获取压头的位移、压痕面积、残余深度及载荷的大小等参数，最后通过计算得到材料的力学参数（即硬度、杨氏模量）。由于所施加的是超低载荷，传感器的位移分辨率小于 1 nm，可以实现纳米级压痕深度，因此，纳米压痕技术特别适用于测量薄膜、涂层等超薄层材料的力学性能。

纳米压痕实验平台的构造如图 2.4 所示。

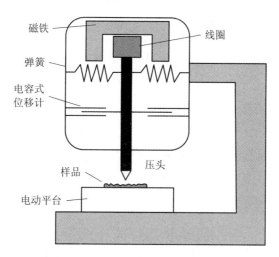

图 2.4　纳米压痕实验平台构造

图 2.5 为纳米压痕实验得到的载荷-位移曲线图，其中，曲线分为加载部分与卸载部分，负载的控制包括位移控制和载荷控制。

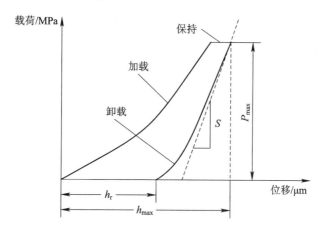

图 2.5　纳米压痕的载荷-位移曲线图

在加载过程中，压痕的深度会随着载荷的增大而增大，h_{max} 为最大压痕深度，P_{max} 为最大载荷。应力达到最大值时，负载不变，但是载荷的位移会随着时间增加而增加。当压头脱离接触面后，会留下压痕，h_r 为残余深度。若将卸载曲线初始的斜率 S 定义为材料刚度，则有

$$S = \frac{\mathrm{d}p_u}{\mathrm{d}h}\Big|_{h=h_{max}} \qquad (2-3)$$

式中，p_u 表示卸载载荷。Pharr 和 Oliver 等提出用幂函数拟合卸载曲线的方法，即

$$p_u = A(h - h_f)^m \tag{2-4}$$

式中，A 表示拟合参数，h_f 为压痕完全卸载后的残余深度，m 表示压头形状参数。实际实验中，m、A 和 h_f 均通过最小二乘法来确定。由式(2-3)得材料刚度为

$$S = \frac{\mathrm{d}p_u}{\mathrm{d}h}\Big|_{h=h_{\max}} = mA(h_{\max} - h_f)^{m-1} \tag{2-5}$$

研究表明，Kick 模型适用于玻氏压头和圆锥压头的加载，该模型对于载荷-位移曲线加载部分的描述如下：

$$p = Ch^2 \tag{2-6}$$

式中，p 为施加的载荷，h 为纳米压痕的深度，C 则代表加载曲率。

当压头从材料表面脱离后，材料表面会形成相应形状的压痕。图 2.6 所示为玻氏压头在材料上形成的压痕示意图。其中，h_c 和 h_s 分别表示接触深度和最大压痕深度，h 为总压痕深度，达到最大值时即为 $h_{\max}$。

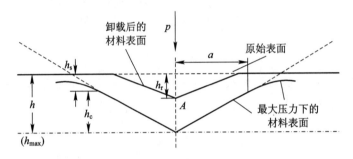

图 2.6　压头压痕示意图

载荷加载过程中，始终满足

$$h = h_c + h_s \tag{2-7}$$

式中，h 为全部深度。对于圆锥压头，有

$$h_s = \frac{(\pi - 2)(h - h_f)}{\pi} \tag{2-8}$$

$$h - h_f = \frac{2P}{S} \tag{2-9}$$

故

$$h_s = \frac{\varepsilon P}{S} \tag{2-10}$$

则可以得到

$$h_c = h - \frac{\varepsilon P}{S} \tag{2-11}$$

对于圆锥压头，参数 $\varepsilon = 2(\pi-2)/\pi = 0.72$。玻氏压头 $\varepsilon = 0.75$，旋转抛物线压头 $\varepsilon = 0.75$，圆柱压头 $\varepsilon = 1.0$。

接触面积 A 与压头的几何形状和接触深度有关，通常再用经验方法获得接触面积 A

和接触深度 h_c 之间满足以下关系：

$$A = C_1 h_c^2 + C_2 h_c + C_3 h_c^{1/2} + C_4 h_c^{1/4} + \cdots \tag{2-12}$$

式中，C_1 取值为 24.56。理想压头 $A = 24.56 h_c^2$，对非理想压头，采用拟合参数 C_2、C_3、C_4 等参数补偿。

（1）硬度的测量。

材料所具有的抵抗其他物体压入其表面的能力称为硬度，其值大小可以表明材料的坚硬程度。纳米压痕仍采用传统方法计算材料的硬度，即

$$H = \frac{p}{A} \bigg|_{p = p_{\max}} \tag{2-13}$$

式中，H 为硬度，$p_{\max}$ 为最大载荷。

（2）杨氏模量的测量。

由于压头并非具有绝对的刚性，因此通常会引入等效杨氏模量 E_r，有

$$\frac{1}{E_r} = \frac{1 - \nu^2}{E} + \frac{1 - \nu_i^2}{E_i} \tag{2-14}$$

式中，ν_i 和 E_i 分别为压头的泊松比和杨氏模量，ν 和 E 为被测材料的泊松比和杨氏模量。

2. 实验设备

本实验采用的设备为 TI-950 TriboIndenter 纳米压痕仪，对 Si 晶圆、SiO_2 薄膜和 SOI 顶层薄膜的力学参数进行研究，主要参数如表 2.4 所示。

表 2.4　TI-950 TriboIndenter 纳米压痕仪的性能

参数指标	划痕参数	压痕参数
最大位移	15 μm	5 μm
最小接触力	—	<100 nN
最大力	2 mN	10 mN
力分辨率	0.5 μN	3 nN
力噪声	<5 μN	<100 nN
力加速度	—	>50 mN/s
位移分辨率	3 nm	0.04 nm
位移噪声	<5 nm	0.2 nm
热漂移	<0.05 nm/s	<0.05 nm/s

本实验采用的玻氏压头为正三棱锥金刚石压头，与材料的接触性能良好，适用于超薄材料的纳米压痕实验。顶部曲率半径约 40 nm，压头中心线与锥面夹角成 65.3°，压痕深 0.001～1 μm，对角线长 0.01～10 μm，最小载荷可小于 0.5 N。

2.2.2 Si 晶圆纳米压痕实验

(1) 实验样品：4 英寸(1 英寸＝25.4 mm)Si 片(400 μm 厚，N 型 100 晶面)划成 1 cm×1 cm 的小块。

(2) 压头控制：采用载荷控制方式，重复进行 5 次载荷实验。

(3) 载荷加载过程如图 2.7 所示，采用单次载荷加载。

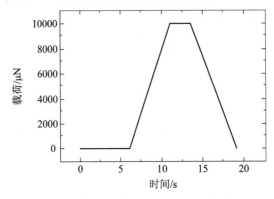

图 2.7　Si 晶圆的单次纳米压痕载荷加载过程

(4) 载荷位移测试：由图 2.8 可以看到，加载、卸载曲线没有重合，因而可以认为材料发生了塑性形变，实验中获得最大压痕深度、残余深度，再由 Kick 模型计算得到加载/卸载位移曲线。

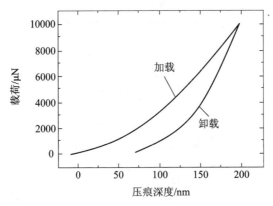

图 2.8　Si 晶圆的纳米压痕载荷加载/卸载位移曲线

(5) 力学参数计算：由式(2-3)～式(2-14)可得到 Si 晶圆的杨氏模量和硬度，5 次测试计算结果如表 2.5 所示。取平均值，得到 Si 晶圆的杨氏模量和硬度分别为 158.60 GPa 和 12.26 GPa。

表 2.5　纳米压痕实验获得的 Si 晶圆杨氏模量和硬度

实验次数	1	2	3	4	5
杨氏模量/GPa	156.9469	158.3444	160.6132	160.7757	156.1635
硬度/GPa	12.33351	12.41684	12.24567	12.27730	12.01513

2.2.3　SiO₂ 薄膜纳米压痕实验

由 SOI 晶圆结构可知，SiO$_2$ 埋绝缘层的力学特性同样会影响 SOI 晶圆的力学特性，进而影响器件的性能，因此利用纳米压痕实验对 SiO$_2$ 薄膜特性进行考察。

（1）实验样品 1：4 英寸干氧氧化片，氧化层厚度为 500 nm；样品 2：4 英寸湿氧氧化片，氧化层厚度为 500 nm。

（2）压头控制：由载荷控制，重复 3 次实验。

（3）载荷加载方式：循环载荷 33 次，加载和卸载曲线如图 2.9 所示。

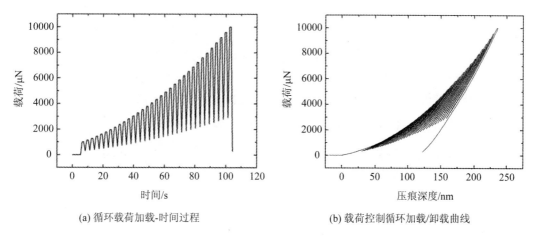

(a) 循环载荷加载-时间过程　　　　　　(b) 载荷控制循环加载/卸载曲线

图 2.9　纳米压痕实验载荷加载方式

（4）力学参数计算：由式（2.3）～式（2.14），可计算得到 SiO$_2$ 薄膜样品 1 和样品 2 的杨氏模量与硬度，如图 2.10 所示。由图可见，随着压痕深度的增加，SiO$_2$ 薄膜的杨氏模量和硬度越来越趋近于基底 Si。

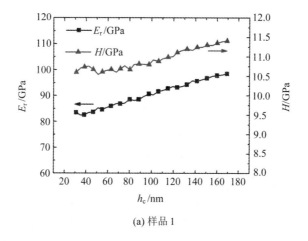

(a) 样品 1

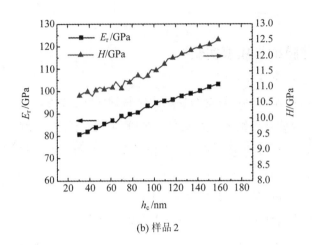

(b) 样品 2

图 2.10　SiO_2 薄膜的杨氏模量和硬度随压痕深度变化关系

为消除基底效应，本实验选取氧化层厚度 1/10～1/7 的部分并取平均值，计算得到的平均值如表 2.6 所示。可以看到，干氧氧化的 SiO_2 薄膜杨氏模量和硬度要略高于湿氧氧化的 SiO_2 薄膜，这是由于干氧氧层所获得的 SiO_2 结构更加致密所致。

表 2.6　纳米压痕实验获得的 SiO_2 薄膜杨氏模量与硬度

样　品	杨氏模量平均值/GPa	硬度平均值/GPa
1	83.97	10.87
2	81.27	10.60

2.2.4　SOI 晶圆纳米压痕实验

同样采用纳米压痕实验，对 SOI 晶圆材料的力学参数进行测定。实验采用载荷控制，循环加载方式。

(1) 实验样品：4 英寸 SOI 晶圆(N 型(100)，顶层 Si 厚 1 μm，SiO_2 层厚 300 nm，硅衬底厚 550 μm，划成 1 cm×1 cm 小块)。

(2) 压头控制：采用载荷控制，重复 3 次实验。

(3) 载荷加载方式：如图 2.11 所示，载荷由 0 到 10000 μN 循环增加，循环 33 次，保持载荷时间 1 s，加载、卸载曲线如图 2.11(b)所示。

(4) 力学参数计算：通过式(2-3)～式(2-14)，可得到 SOI 晶圆顶层 Si 的杨氏模量 E 和硬度 H 与纳米压痕深度 h 的关系，如图 2.12 所示。由图可见，顶层 Si 的杨氏模量 E 随着压痕深度的增加逐渐减小，而硬度随着深度增加逐渐减小并趋于稳定。这是由于过深的压痕使测试结果受基底效应的影响逐渐增强，获得的杨氏模量逐步显现出顶层 Si 下的 SiO_2 埋绝缘层的材料特性。

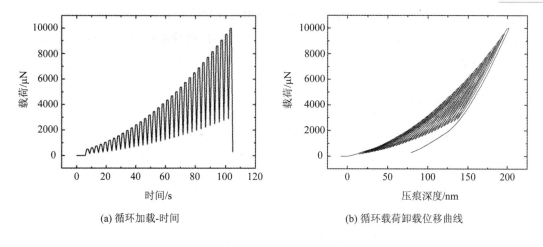

(a) 循环加载-时间　　　　　　　　　　　　　(b) 循环载荷卸载位移曲线

图 2.11　SOI 晶圆载荷曲线

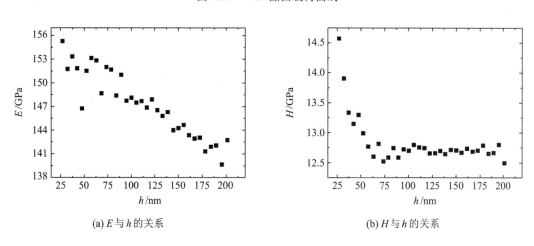

(a) E 与 h 的关系　　　　　　　　　　　　　(b) H 与 h 的关系

图 2.12　SOI 晶圆杨氏模量及硬度与压痕深度关系计算结果

　　为防止基底效应，实验取压痕深度为顶层 Si 薄膜厚度 1/10～1/7 之内的硬度、杨氏模量平均值作为 SOI 晶圆样品，测试计算值结果如表 2.7 所示。

表 2.7　Si 晶圆与 SOI 晶圆样品顶层 Si 的杨氏模量、硬度测试结果

样品	硬度/GPa	杨氏模量/GPa
Si 晶圆	12.26	158.60
SOI 晶圆顶层 Si	12.23	147.10

　　由表 2.7 可知，Si 晶圆的硬度与 SOI 晶圆顶层 Si 的硬度基本相同，但两者的杨氏模量有一定差别。这一实验结果上的差异，我们认为是由于 Si 晶圆与 SOI 晶圆不同的结构特征造成的。由于 SOI 晶圆与 Si 晶圆的区别在于 SOI 晶圆薄顶层 Si 下存在一定厚度的 SiO_2 材料，在对 SOI 晶圆进行纳米压痕实验测试其顶层 Si 的材料参数时，SiO_2 埋绝缘层不可避

免地会对其结果产生影响。由于 SiO_2 和 Si 本身的硬度参数相近，所以测试得到的 SOI 晶圆顶层 Si 和 Si 晶圆的硬度参数基本一致；而 SiO_2 的杨氏模量要小于单晶 Si，所以测试所得的 SOI 晶圆顶层 Si 的杨氏模量要小于 Si 晶圆。

2.2.5 Si 薄膜与 SiO₂ 薄膜屈服强度实验

纳米压痕测试技术是建立在压痕的弹性解上的，因而只适用于测量有限的弹性性能，如杨氏模量、硬度等。而对于微小体积材料的塑性形变的测量，如屈服强度，则需要通过建立有限元数值模型，并结合量纲分析方法来完成。

1. 材料模型

根据已有报道，可以采用双线性模型描述 SOI 晶圆顶层 Si 和 SiO_2 埋绝缘层薄膜的塑性形变行为，如式(2-15)所示。

$$\sigma = \begin{cases} E \cdot \varepsilon & \varepsilon \leqslant \varepsilon_0 \\ \sigma_0 + E_T(\varepsilon - \varepsilon_0) & \varepsilon > \varepsilon_0 \end{cases} \qquad (2-15)$$

式中，σ_0 和 E_T 分别为材料的屈服强度以及塑性切线模量，E 为杨氏模量。双线性模型的应力-应变关系可表示为如图 2.13 所示。

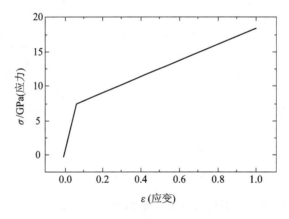

图 2.13 双线性模型的应力-应变关系图

2. 有限元模型

模型设定材料为各向同性，忽略压头和被测材料之间的摩擦。压头体积及压痕的大小相对于被测材料来说非常小，压痕区域为主要应变区域。依据圣维南原理，建立局部模型。

设定被测材料无水平位移，下边界位移为零。利用静态分析法，模拟纳米压痕实验过程中压头的行为。

采用圆锥形金刚石压头，将其等效为刚体。用其代替正三棱锥，等效圆锥角为 70.3°。建立的有限元模型如图 2.14 所示。

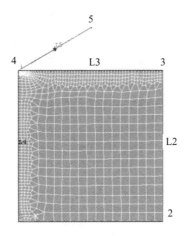

图 2.14　纳米压痕实验有限元模型

3. 力学参数模拟

纳米压痕实验具有一定的局限性，结合有限元模型计算和无量纲分析法，可以通过模拟计算获得实验无法直接测量的力学参数。

纳米压痕力学参数模拟的原理是，在确定材料双线性模型后，通过量纲分析法建立材料参数的无量纲函数，设置多组参数，再通过有限元仿真得到多条载荷-位移曲线，而后结合纳米压痕实验结果进行拟合，最后通过无量纲函数计算最终获得材料的弹塑性力学参数。

设置 Si 塑性切线模量范围为 6～14 GPa，杨氏模量、泊松比和屈服强度范围分别为 169 GPa、0.27、(5～15)GPa。进行有限元仿真时，屈服强度设置为 6、8、10、12、14(GPa)，塑性切线模量为 7、9、11、13(GPa)，获得 20 组参数组合，对其进行有限元仿真，获得如图 2.15 所示的 20 组载荷-位移曲线。

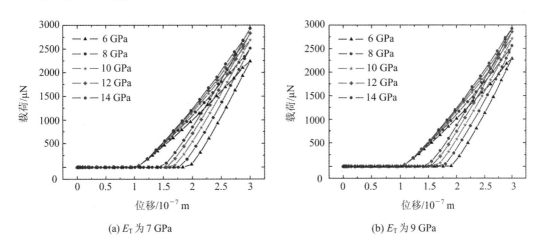

(a) E_T 为 7 GPa

(b) E_T 为 9 GPa

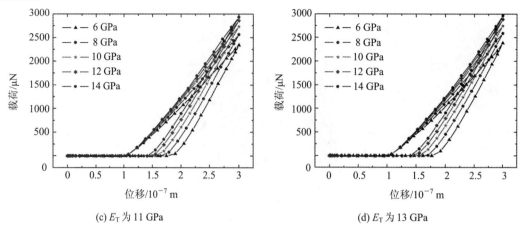

(c) E_T 为 11 GPa (d) E_T 为 13 GPa

图 2.15 不同 E_T 下的载荷位移曲线

在此基础上，利用 Kick 模型的 $p = Ch^2$，获得各组载荷-位移曲线的加载曲率 C。表 2.8 和表 2.9 分别是拥有不同切线模量、不同屈服强度材料所对应的载荷-位移曲线的加载曲率和残余深度。可以看到，材料屈服强度越大，加载曲率越高，压痕越小，残余深度较小。

表 2.8 不同屈服强度与塑性切线模量的加载曲率

E_T/GPa		σ/GPa				
		6	8	10	12	14
C/GPa	7	202.45	227.74	243.32	256.61	265.56
	9	206.86	232.01	245.74	258.79	264.66
	11	211.71	232.23	247.45	258.86	265.71
	13	215.73	234.37	248.86	261.50	268.31

表 2.9 不同屈服强度与加载曲率的残余深度

E_T/GPa		σ/GPa				
		6	8	10	12	14
h_r/nm	7	88.56	78.91	67.34	56.62	43.67
	9	84.56	75.22	62.25	55.24	42.32
	11	82.16	73.45	58.34	49.34	41.86
	13	76.6	68.34	55.34	44.34	40.03

4. 屈服强度计算

根据量纲分析理论，载荷-位移曲线的加载曲率和残余深度满足以下关系：

$$\frac{C}{E_s} = \Phi\left(\frac{\sigma_0}{E_s}, \frac{E_T}{E_s}\right) \qquad (2-16)$$

$$\frac{h_r}{h_m} = \Psi\left(\frac{\sigma_0}{E_s}, \frac{E_T}{E_s}\right) \qquad (2-17)$$

式中，E_T 表示塑性切线模量。如果材料为复合材料，E_s 表示衬底杨氏模量；若材料为体材料，则 E_s 表示被测材料的杨氏模量。

对仿真数据进行拟合，得到函数 Φ 与 σ_0/E_s 的关系曲线，如图 2.16 所示。

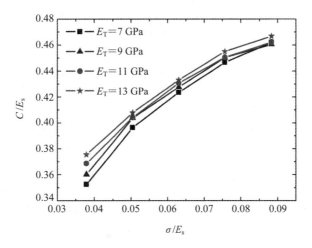

图 2.16　C/E_s 与 σ_0/E_s 的变化关系

对图 2.16 中的曲线进行拟合，确定加载曲率的解析模型为

$$\frac{C}{E_s} = \Phi\left(\frac{\sigma_0}{E_s}, \frac{E_T}{E_s}\right) = A_0\left(\frac{\sigma_0}{E_s}\right)^{B_0} \tag{2-18}$$

各条曲线对应不同的 E_T，其中 A_0、B_0 与 E_T/E_s 的关系为

$$A_0 = 1.479\left(\frac{E_T}{E_s}\right)^{-0.1757} \tag{2-19}$$

$$B_0 = 0.05789\left(\frac{E_T}{E_s}\right)^{-0.38553} \tag{2-20}$$

如图 2.17 所示，将仿真结果进行拟合获得具体表达式，得到无量纲函数 Ψ 与 σ_0/E_s 的关系曲线。

设拟合关系为

$$\frac{h_r}{h_m} = \Psi\left(\frac{\sigma_{0f}}{E_s}, \frac{E_{Tf}}{E_s}\right) = A_1\ln\frac{\sigma_0}{E_s} + B_1 \tag{2-21}$$

每条曲线对应不同的 A_1、B_1，E_T 和 E_s 的拟合关系为

$$A_1 = 1.538\left(\frac{E_T}{E_s}\right)^2 + 6.289\left(\frac{E_T}{E_s}\right) - 0.38 \quad B_1 = -0.4 \tag{2-22}$$

拟合后，函数 Φ 和函数 Ψ 的具体表达式为

$$\frac{C}{E_s} = 1.479\left(\frac{E_T}{E_s}\right)^{-0.1757}\left(\frac{\sigma_0}{E_s}\right)^{0.05789\left(\frac{E_T}{E_s}\right)^{-0.38553}} \tag{2-23}$$

$$\frac{h_r}{h_m} = \left[1.538\left(\frac{E_T}{E_s}\right)^2 + 6.289\left(\frac{E_T}{E_s}\right) - 0.38\right]\ln\frac{\sigma_0}{E_s} - 0.4 \tag{2-24}$$

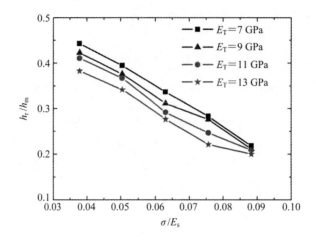

图 2.17 h_r/h_m 与 σ_0/E_s 的变化关系

由建立的无量纲函数模型，得到纳米压痕实验载荷-位移曲线的残余深度为 67.40 nm、加载曲率为 249.7GPa，它们二者之比为 0.337。利用式(2-23)和式(2-24)分别计算 Si 材料的屈服强度和切线模量，结果如表 2.10 所示。

表 2.10 计算获得的 Si 材料力学参数结果与某文献的对比

切线模量 E_T/GPa	屈服强度 σ/GPa	备　注
11.42	9.96	计算结果
10.98	9.14	某文献的结果

通过对比纳米压痕实验得到的载荷-位移曲线和有限元模拟结果可以看出，两条曲线较为吻合，如图 2.18 所示。

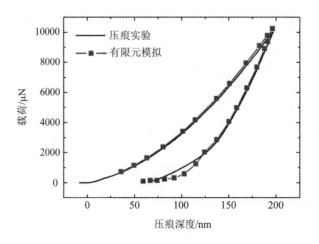

图 2.18 纳米压痕实验模拟结果与有限元模拟结果对比

<table>
<tr><td>

2.3

</td><td>

SOI 晶圆结构特性

</td></tr>
</table>

　　SOI 材料与体 Si 材料不同，它是由顶层 Si、SiO_2 埋绝缘层和 Si 衬底构成的层状复合材料，其结构如图 2.19 所示。因此，在研究 SOI 晶圆中应变的引入时，必须要考虑顶层 Si、SiO_2 埋绝缘层和 Si 衬底界面的结构特性。

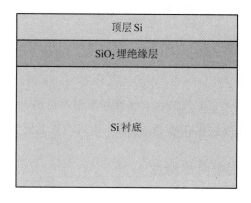

图 2.19　SOI 晶圆结构示意图

2.3.1 Si/SiO$_2$ 界面结构特性

　　利用 Si 的热氧化或化学气相淀积法（CVD）生长的 SiO_2 薄膜是一种无定形结构，它不同于石英晶体，呈现出"长程无序，短程有序"的网状结构特征。即从较大范围看，原子的排列是混乱、无规则的，网络中存在大小不一的空洞，结构疏松且不均匀；但从小范围（1～10 nm）看，原子排列并非杂乱无章，而是呈现出以 Si—O 为最小单元的四面体结构。Si 原子位于四面体中心，O 原子位于四面体的四个顶角，四面体与四面体之间通过共价键将 O 原子连接起来形成网络结构。在 SiO_2 网络中，由于 Si 被 Si—O 键连接，而 O 原子则被两个 Si—O 键束缚，所以与 Si 原子相比，O 原子更容易挣脱键的束缚，使网络中出现 O 空位和游离的 O 原子。而在具有完美晶体结构的单晶 Si 到典型的 SiO_2 无定形网络结构之间，存在着一个过渡层，此过渡层厚度约为几十埃，它的结构和性质对 SiO_2-Si 界面的特性起着决定性作用。如图 2.20 所示为 Si-SiO$_2$ 界面结构：（a）具有很多缺陷的顶层 Si 表面层：靠近完整的体 Si 材料，具有体 Si 材料的性质；（b）SiO_2 薄膜层，位于有缺陷的 Si 与无定型 SiO_2 之间；（c）无定型的 SiO_2 层。

　　由于 SiO_2 的 Si—O—Si 键与 Si 的 Si—Si 键不同，且二者具有不同的热膨胀系数，所以在 Si-SiO$_2$ 界面易造成应力失配。在应力作用下，此界面部位易产生位错，即两者之间的界面层容易发生相对滑移。

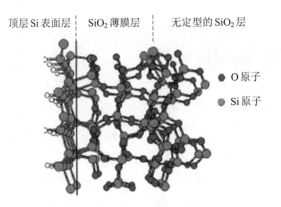

顶层 Si 表面层   SiO$_2$ 薄膜层   无定型的 SiO$_2$ 层

● O 原子
● Si 原子

图 2.20   Si-SiO$_2$ 界面结构示意图

研究表明,不同退火工艺,Si-SiO$_2$ 界面的晶体特性、光滑度都可能不同。例如,因为氮与硅直接发生化学反应,形成富氮硅层,导致界面相对粗糙,而在 Ar 气氛和 0.5% 的 O$_2$ 气氛保护退火下的 Si-SiO$_2$ 界面比在纯 N$_2$ 气氛下退火的界面更为光滑。

2.3.2   SOI 晶圆的柔顺滑移特性

与单晶 Si 衬底的材料特性不同,SOI 晶圆顶层 Si 和 SiO$_2$ 埋绝缘层是薄膜,具有所谓的柔顺滑移特性,如图 2.21 所示。SOI 晶圆的柔顺滑移特性可以理解为,由于 SOI 是一种具有层状复合结构的晶圆衬底材料,不同于 Si 晶圆,SOI 材料除了 Si 衬底,还有附着在 Si 衬底之上的 SiO$_2$ 埋绝缘层和顶层 Si 薄膜。由于不同材料之间的材料力学参数不同,以及不同材料之间界面特性的差异,SOI 在受到沿晶圆平面的应力作用时,不仅会通过晶圆弯曲平衡应力,而且更重要的是会通过不同材料界面的相对滑动来平衡外延层或高应力淀积材料的应力。

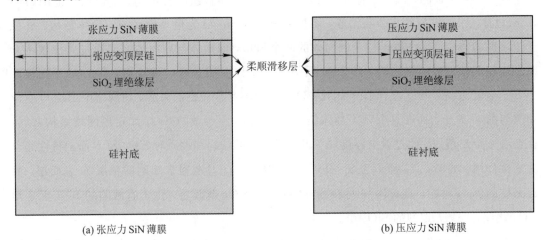

(a) 张应力 SiN 薄膜   (b) 压应力 SiN 薄膜

图 2.21   SOI 晶圆柔顺滑移特性示意图

根据薄膜力学理论和 SOI 晶圆的结构特性,当 SOI 晶圆的顶层 Si 薄膜和 SiO$_2$ 薄膜受到较大的切向应力作用时，顶层 Si 与 SiO_2 薄膜在 SiO_2-Si 衬底界面会发生相对刚性 Si 衬底基体的柔顺滑移拉伸或压缩。这样的滑移拉伸或压缩通常包含两部分，即弹性拉伸/压缩与非弹性拉伸/压缩。弹性拉伸/压缩同所施加的应力大小成正比，在去除载荷后可以恢复原状；而非弹性拉伸/压缩同载荷间成非线性关系，且一般在卸载后不可恢复到初始状态，因而会有一部分残余应变存在。

SOI 晶圆柔顺滑移的产生要满足两个条件，一是柔性薄膜结构同支撑层之间的结合强度不宜过于牢固，二是柔性薄膜的厚度越薄越好。

理想的柔性滑移薄膜可以完全屈服于外延层或应力膜，将应力从外延层或应力膜中全部转移到柔性薄膜中来。

本书通过在 SOI 晶圆顶层 Si 表面淀积压应力值为 -2.0 GPa 的高应力 SiN 薄膜，获得了应变量为 0.6475% 的单轴张应变 SOI 晶圆，工艺过程中对样品弯曲度的测量如表 2.11 所示。结果表明：由 SiN 薄膜淀积引起的弯曲度变化很小，弯曲半径由工艺前的 -60.98 m 变为 -18.93 m，而此弯曲半径改变量不足以使顶层 Si 产生如此大的应变；且在去除 SiN 薄膜后，顶层 Si 应力得以保持，但晶圆弯曲半径在工艺前、后几乎没有变化，分别为 -60.98 m 和 -61.97 m，说明顶层 Si 的应变并非由晶圆的弯曲形变产生，而应该是由于在退火过程中，高应力 SiN 薄膜作用于 SOI 顶层结构，使其产生柔顺滑移现象引起的。

表 2.11 工艺过程中样品弯曲半径和应变量测试结果

样品	弯曲半径/m				应变量 $\varepsilon/\%$
	工艺前 R_0	淀积后	退火后	工艺后 R	
1	-60.98	-18.93	-29.10	-61.97	0.6475

本 章 小 结

基于对 SOI 应变引入方法及其应变机理与相关效应理论基础的研究要求，本章对构成 SOI 晶圆的 Si 和 SiO_2 的材料力学性质以及 SOI 晶圆的结构特性进行了研究。采用纳米压痕实验，研究了晶体 Si 和 SiO_2 材料的杨氏模量和硬度特性；建立有限元模型，通过仿真计算获得多组载荷-位移曲线，并通过量纲分析法，建立具有多组力学参数的无量纲函数，结合纳米压痕实验数据与有限元仿真计算结果，拟合确定同实际实验相符的载荷-位移曲线加载曲率及残余深度，最终成功获得 Si 的屈服强度这一关键材料力学参数；此外，通过初步工艺实验，验证了 SOI 晶圆材料的柔顺滑移特性。

3

第 3 章

机械致晶圆级单轴应变 SOI 技术

根据 SOI 晶圆的结构特性、热学特性和力学特性,基于梁弯曲模型和弹塑性力学理论,本章对机械致晶圆级单轴应变 SOI 的应力引入、应力保持等应变机理进行了深入研究,自主设计了可实现晶圆级单轴应变的机械弯曲装置,并进行了机械致应变 SOI 的工艺实验。

3.1 应变引入机理

根据弹性力学理论和梁弯曲模型,当 SOI 晶圆通过一定弯曲度的圆柱弧形弯曲台发生机械弯曲时,会发生弹性的单轴张应变或压应变,并在顶层 Si 薄膜和 SiO_2 埋绝缘层薄膜中引入单轴张应力(对应发生的弹性拉伸应变)或压应力(对应发生的弹性压缩应变),如图 3.1 所示。

在弯曲状态下,对 SOI 晶圆进行高温退火处理。根据 SOI 晶圆中硅衬底和 SiO_2 薄膜的屈服强度,确定合适的退火温度。其退火的原理是,利用单晶硅的弹塑性屈服强度高于 SiO_2 薄膜的特点,使 SOI 晶圆在弯曲退火时,顶层 Si 薄膜和硅衬底只发生弹性形变,而 SiO_2 薄膜在高温退火时发生塑性形变。

高温退火后,将外力卸载。由于在高温退火时,SOI 晶圆中厚厚的硅衬底发生的是弹性形变,外力卸载后,强大的弹性力使弯曲的 SOI 晶圆恢复平坦的原状。同时,受塑性形变 SiO_2 薄膜的拉持作用,SOI 晶圆中顶层 Si 的应变基本保持不变,最终形成单轴应变 SOI 晶圆。

相较于传统的双轴应变 SOI 技术,该工艺技术流程简单,应变效果好,无须剥离工艺制作应变 SOI,表面粗糙度小,缺陷密度低,无 SiGe 虚衬底造成的 Ge 扩散与散热问题。

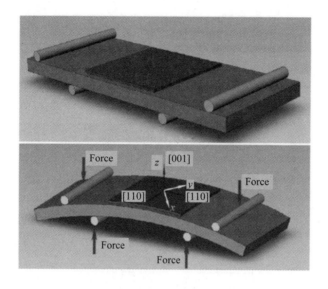

图 3.1　机械致单轴应变 SOI 应变引入机理示意图

3.2　应变机理

根据 SOI 晶圆的结构特性，以及构成 SOI 晶圆材料的单晶 Si、SiO_2 弹塑性力学理论，本节详细介绍基于梁弯曲理论的机械致单轴应变 SOI 晶圆的应变产生机理和基于 SiO_2 塑性形变的应变保持机理。

3.2.1　机械弯曲应变产生机理

假设弯曲前 SOI 晶圆各层间不存在应力，如图 3.2(a)所示。

根据弹性力学的梁弯曲模型，如要通过机械弯曲获得晶圆级单轴张应变 SOI，可将 SOI 晶圆的顶层 Si 向上放置在圆柱形（弧形）机械弯曲台上，使 SOI 晶圆的顶层 Si 薄膜和 SiO_2 埋绝缘层薄膜处于中性面以上，如图 3.2(a)所示。

根据弹性力学的梁弯曲理论，当 SOI 晶圆在外力作用下沿圆柱形弧面向下弯曲时，处于中性面以上的顶层 Si 和 SiO_2 薄膜的晶格将被拉伸，如图 3.2(b)所示。此时的 SOI 晶圆处于张应变状态，其方向为 SOI 晶圆的弯曲方向。而由于圆柱形弧面是沿某一个方向的弯曲，因而此时的应变 SOI 晶圆是单轴张应变。

根据梁弯曲模型，弯曲的 SOI 晶圆的顶层 Si 和 SiO_2 埋绝缘层的原子间距大于未弯曲的原子间距，且距中性面越远，被拉伸的原子间距就越大。这样，在相同弯曲度下，可获得最大张应变量的晶圆级单轴应变 SOI。

同样，若要通过机械弯曲获得晶圆级单轴压应变 SOI，需将 SOI 晶圆的顶层 Si 向下放

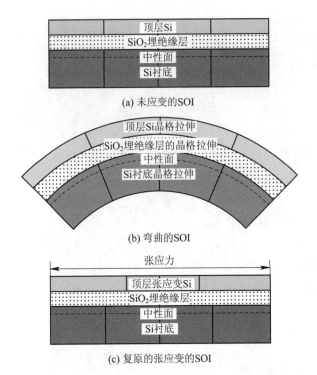

图 3.2 机械致晶圆级单轴张应变 SOI 工艺原理示意图

置在圆柱形(弧形)机械弯曲台上。此时,如图 3.3(a)所示,SOI 晶圆的顶层 Si 和 SiO₂ 埋绝

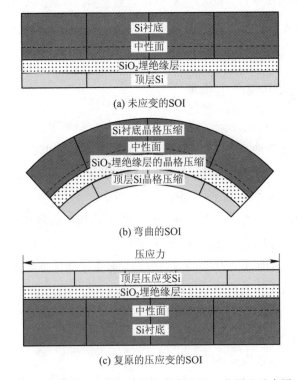

图 3.3 机械致晶圆级单轴压应变 SOI 工艺原理示意图

缘层薄膜处于中性面以下。

根据弹性力学的梁弯曲模型，当 SOI 晶圆在外力作用下沿圆柱形弧面向下弯曲时，处于中性面以下的顶层 Si 和 SiO₂ 薄膜的晶格将被压缩，如图 3.3(b) 所示。此时的 SOI 晶圆处于压应变状态，其方向为 SOI 晶圆的弯曲方向。而由于圆柱形弧面是沿某个方向的弯曲，因而此时的应变 SOI 晶圆是单轴压应变。

3.2.2　SiO₂ 塑性形变应变保持机理

如上节所述，通过弧形机械弯曲使 SOI 晶圆发生弹性形变，从而将应力引入 SOI 晶圆中，形成晶圆级单轴应变 SOI。但由于是弹性形变，当机械外力卸载后，曾经的单轴应变 SOI 晶圆将复原。根据弹性力学理论，复原后的 SOI 晶圆不再有应变和相应的应力。

弹塑性力学理论指出，只有发生塑性形变，材料的应变才能在外力消除后仍然保持不变。因此，若要让机械致单轴应变 SOI 晶圆保持其应变与应力，可对单轴应变 SOI 晶圆进行退火，只需使 SOI 晶圆的顶层 Si 薄膜发生塑性形变，就可将应变 SOI 晶圆的应力保持。

然而，由于 SOI 晶圆的顶层 Si 薄膜和厚厚的硅衬底都是单晶硅结构，两者的力学特性和热学特性基本一致。因此，在同样的高温退火条件下，若单轴应变 SOI 晶圆的顶层 Si 薄膜能够发生塑性形变，其厚厚的硅衬底也同样会发生塑性形变。这样一来，单轴应变的 SOI 晶圆就会变形，成为废品。

本书在研究 SOI 晶圆的结构特性、热学特性与力学特性时发现，SOI 晶圆中的 SiO₂ 埋绝缘层薄膜的屈服强度为 8.4 GPa，远小于单晶硅的 12.0 GPa。（参见第 2 章的表 2.1 和表 2.2）

进一步研究 SOI 晶圆屈服强度的温度特性可知，晶体和多晶材料的屈服强度随温度的升高而下降。如图 3.4 所示，单晶 Si 薄膜的屈服强度随温度的升高而下降。这就意味着，如果弯曲状态下的 SOI 晶圆在某个合适的温度下进行退火，则其 SiO₂ 埋绝缘层薄膜有可

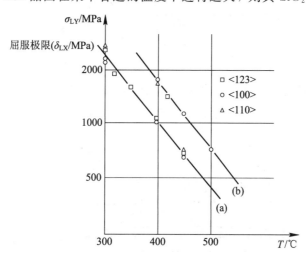

图 3.4　低温条件下单晶 Si 屈服强度与温度关系

能发生塑性形变,而厚厚的硅衬底只发生弹性形变,具有很高的弹性力。在退火结束并卸载外力后,受硅衬底高弹性力的作用,机械弯曲的 SOI 晶圆可复原弹平。虽然 SiO_2 埋绝缘层薄膜是塑性形变,但由于相对于厚厚的硅衬底而言薄膜厚度是非常薄的,因此并不能阻挡弯曲的 SOI 晶圆复原弹平。

虽然解决了弯曲 SOI 晶圆复原弹平的理论问题,但由于 SOI 晶圆中的顶层 Si 薄膜和厚厚的硅衬底的热学与力学性质相同,在相同的退火条件下,顶层 Si 薄膜也应只发生弹性形变。因而,在退火结束并卸载外力后,顶层 Si 薄膜也应复原弹平。如此,则 SOI 晶圆中的应变与应力就不复存在。

通过深入研究 SOI 晶圆的材料结构特性发现,SOI 晶圆中 SiO_2 薄膜与顶层 Si 薄膜界面处的化学键是键能较强的 Si—Si 键和 Si—O 键,不易断裂,因而其界面结构牢固。因此,当弯曲的 SOI 晶圆复原弹平后,由于界面处有键能较强的化学键,塑性形变的 SiO_2 薄膜会对弹性形变的顶层 Si 薄膜有较强的拉持作用,使得弹性形变的顶层 Si 薄膜保持弯曲时产生的应变和应力,或略有收缩但保持大部分的应变与应力。这样,就能得到平整的单轴张应变 SOI 晶圆。

将弯曲状态下的张应变 SOI 晶圆进行高温退火,如图 3.5 所示。在退火工艺的升温阶段,顶层 Si 和 SiO_2 埋绝缘层的体积都会发生热膨胀,即沿着机械力引起的张应变的方向,顶层 Si 的原子间距和 SiO_2 的分子间距也会变大。由于单晶 Si 的热膨胀系数大于 SiO_2 的热膨胀系数,因此在高温下,SiO_2 埋绝缘层受到单晶 Si 层的拉伸力作用,相应地,顶层 Si 会受到 SiO_2 层的压缩应力作用。

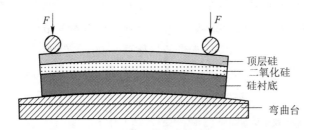

图 3.5　张应变 SOI 弯曲退火示意图

与晶圆级单轴张应变 SOI 的应力保持机理相同,将弯曲状态下的压应变 SOI 晶圆进行高温退火,如图 3.6 所示。选取合适的弯曲台半径与退火参数,包括退火温度、退火时间和

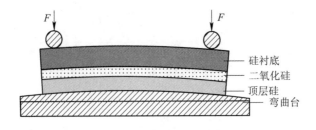

图 3.6　压应变 SOI 弯曲退火示意图

退火速率，使顶层 Si 和 Si 衬底处于弹性形变阶段，而 SiO_2 埋绝缘层所受的应力超出其退火温度下的屈服极限，发生塑性形变。退火之后，SiO_2 埋绝缘层的塑性形变通过 SiO_2 与顶层 Si 之间的化学键作用于顶层 Si 薄膜中，使其产生单轴压应变。

高温退火结束后，将导致 SOI 晶圆发生弯曲的机械外力移除，弯曲的 SOI 晶圆将会弹平复原，如图 3.7 所示。这是由于 SOI 晶圆的厚硅衬底在机械弯曲下和高温退火时只发生了弹性形变，当退火结束并卸载机械外力后，弯曲的 SOI 晶圆会因为硅衬底的弹性形变而弹平复原。在弯曲退火时发生了塑性形变的 SiO_2 薄膜的晶格结构（常数）保持不变，而顶层 Si 薄膜受 SiO_2 薄膜的拉持作用，也保持了其张应变（或压应变）的特性，从而最终形成了晶圆级单轴张应变或压应变 SOI。

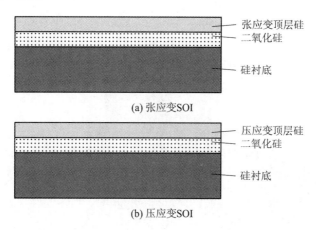

图 3.7　退火卸力后的 SOI 复原示意图

工艺实验设计

3.3.1　机械弯曲台的设计与制作

基于 SOI 晶圆的热学、力学及机械性能特性，本节首先进行 SOI 晶圆机械弯曲台的设计，包括弯曲台材料设计、弯曲台弧度（弯曲半径）设计、旋套式弯曲台结构设计等。

1. 弯曲台材料设计

SOI 晶圆弯曲台材料设计的思路是，选择与 SOI 晶圆热膨胀系数接近、耐高温、易加工、不生锈的材料。

根据 SOI 晶圆的热学、力学及机械性能特性，本实验选择不锈钢材料 304 作为 SOI 晶圆弯曲工艺与低温退火（200℃～400℃）工艺的机械弯曲台材料；选择高温材料 GH4169 作为 SOI 晶圆弯曲工艺与高温退火（400℃～800℃）工艺的机械弯曲台。因为 304 不锈钢材料和 GH4169 高温材料在上述温度区间分别具有较小的热膨胀系数（304：18×10^{-6} K^{-1}；GH4169：17×10^{-6} K^{-1}），从而可尽量避免退火过程中 SOI 晶圆碎裂的情况。

2. 弯曲台弧度设计

SOI 晶圆弯曲台弧度的设计思路是，通过实际的极限弯曲实验，确定不同晶圆尺寸和不同晶圆厚度的最小弯曲半径。

首先设计制作一台适用于不同晶圆尺寸的极限弯曲半径测试台，如图 3.8 所示。通过旋进式可调节压杆，动态调节被测晶圆的弯曲半径，从而测定不同参数下晶圆发生碎裂时的极限弯曲半径。

图 3.8　SOI 晶圆极限弯曲半径测试台

为了节约成本，本实验选取尺寸和衬底厚度相同的 Si 晶圆替代 SOI 晶圆，对不同尺寸的 Si 晶圆进行极限弯曲半径测试实验，测试结果如表 3.1 所示。

表 3.1　不同尺寸 Si 晶圆的极限弯曲半径

Si 晶圆	4 英寸			6 英寸		8 英寸
衬底厚度/μm	500	400	300	675	300	725
极限弯曲半径/mm	181.78	170.52	178.84	543.40	118.56	382.40

3. 旋套式弯曲台结构设计

为了弥补压杆式弯曲台操作不精准、SOI 晶圆易滑动、压杆接触线短等缺点，本实验设计了旋套式弯曲台，如图 3.9 所示。

(a) 组合状态

(b) 构成组件

图 3.9　自行设计的旋套式机械弯曲台

（1）基座。

本实验确定了 3 种不同弧度的弧形圆基座，如图 3.10 所示。

图 3.10　自行设计的旋套式弯曲台基座

根据实验的需求，结合弯曲工艺的极限弯曲半径实验结果和 SOI 晶圆的厚度等材料结构参数，针对每个不同的晶圆尺寸都设计了 3 种弯曲半径，如表 3.2 所示。

表 3.2　不同 SOI 晶圆尺寸下的弯曲半径

SOI 晶圆尺寸	4 英寸			6 英寸			8 英寸	
弯曲半径/mm	500	400	300	600	400	250	500	300

（2）旋套式圆形压条（旋套）。

为了克服压杆式弯曲台接触线短、易滑动、不能同时施加压力等缺点，本实验改进并设计了旋盖式圆形压条（旋套），如图 3.11 所示。该旋套的形状和弧度与基座的弯曲弧度完全吻合，通过螺纹旋转使两端同时下压，具有接触线长、压合紧密、受力均匀等优点。

图 3.11　自行设计的旋盖式圆形压条(旋套)

（3）支座。

为了克服压杆式弯曲台对 SOI 晶圆不能精准对位、易滑动等缺点，本实验改进设计了一个圆形支座，如图 3.12 所示。该支座既能对 SOI 晶圆准确对位，又能和旋套紧密压合。

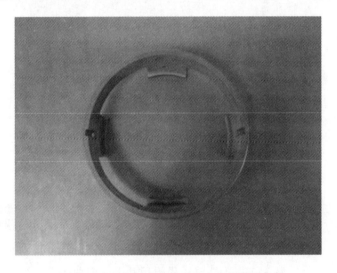

图 3.12　自行设计的旋套式弯曲台的圆形支座

3.3.2　退火工艺设计

根据 SOI 晶圆材料的力学特性与热学特性，特别是高温下 SOI 晶圆中顶层单晶 Si 薄膜和 SiO_2 埋绝缘层薄膜的弹塑性特性，即屈服特性，本实验设计了退火工艺。

退火工艺设计思路是，首先对 Si 晶圆进行弯曲状态下的退火工艺实验(也从节约成本考虑)，以确定基本的退火工艺，如根据退火后 Si 晶圆的平整度以确定最高退火温度。在此基础上，再对 SOI 晶圆进行退火工艺的优化实验。例如，通过对弯曲退火后 SOI 晶圆的应力拉曼表征，确定最低退火温度和时间。最后，结合 Si 晶圆的弯曲退火工艺，确定不同尺寸与不同弯曲度下 SOI 晶圆的最佳退火温度与时间，如表 3.3～表 3.5 所示。

表 3.3　4 英寸 SOI 晶圆弯曲退火工艺

Si 衬底厚度/μm	350			400			500		
弯曲度/mm	500	400	300	500	400	300	500	400	300
温度/℃	300	400	500	400	500	300	500	300	400
时间/h	4	4	4	10	10	10	20	20	20

表 3.4　6 英寸 SOI 晶圆弯曲退火工艺

Si 衬底厚度/μm	400			675		
弯曲度/mm	500	400	300	500	400	300
温度/℃	400	400	400	400	400	400
时间/h	10	10	10	20	20	20

表 3.5　8 英寸 SOI 晶圆弯曲退火工艺

Si 衬底厚度/μm	725					
弯曲度/mm	500	300	500	300	500	300
温度/℃	300	300	400	400	500	500
时间/h	10	10	10	10	10	10

3.4　工艺实验研究

本节基于旋套式弯曲退火台，进行了机械致应变 SOI 工艺实验研究。采用不同弯曲半径的弯曲台分别对不同结构的 SOI 晶圆进行了张、压应变 SOI 晶圆样品的制备实验，并对所制备样品的应变量、表面粗糙度、表面位错密度以及弯曲度进行了测试。

3.4.1　工艺实验

根据上述对工艺的研究，下面以 4 英寸 SOI 晶圆样品制备为例确定了工艺流程。

1. SOI 晶圆样品

全部样品都选取 P 型，(100) 晶面，其他参数如表 3.6 所示。

表 3.6　4 英寸 SOI 晶圆样品参数

样品编号	8	9	10	11	12	13	14	15
顶层 Si 厚度/μm	1	0.129	0.05	0.22	0.22	0.22	0.22	0.22
SiO_2 厚度/μm	0.3	0.369	0.41	2	2	2	2	2
衬底厚度/μm	550	525	525	400	400	400	300	500

2．清洗弯曲台

用分析纯无水乙醇清洗弯曲台，并用高纯 N_2 吹扫。

3．放置 SOI 晶圆

采用旋盖式弯曲台，将 SOI 晶圆轻轻放入弯曲台的圆弧形基座上，根据槽壁上的晶向指示刻线，对准所需的晶向。

（1）若制作单轴张应变 SOI 晶圆，则应将 SOI 晶圆的顶层 Si 面向上放置，如图 3.13 所示。这样放置，可使顶层 Si 和 SiO_2 层位于中性面以上，产生拉伸形变，最终得到单轴张应变 SOI 晶圆。

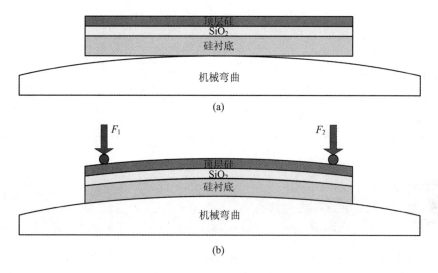

图 3.13　单轴张应变 SOI 晶圆机械弯曲放置示意图

（2）若制作单轴压应变 SOI 晶圆，则应将 SOI 晶圆的顶层 Si 面朝下放置，如图 3.14 所示。这样放置，可使顶层 Si 和 SiO_2 层位于中性面以下，产生压缩形变，最终得到单轴压应变 SOI 晶圆。

4．机械弯曲

将压盖上的固定销子对准弯曲台槽壁上的对准凹槽，用手顺时针轻旋压条盖，直到 SOI 晶圆与弧形底座紧贴无缝。

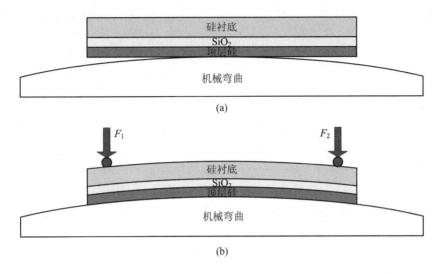

图 3.14 单轴压应变 SOI 晶圆机械弯曲放置示意图

5. 退火

将弯曲台放入高温退火炉,设定退火温度、升温速率、退火时间及降温速率,如表 3.7 所示。

6. 卸载外力

退火结束后将弯曲台冷却至室温,取出弯曲台。用手逆时针轻旋压条盖,缓慢地将压条盖旋起,取出 SOI 晶圆。

表 3.7　4 英寸 SOI 晶圆机械弯曲的退火工艺参数

样品编号	应变类型	弯曲半径/mm	退火温度/℃	退火时间/h	升温速率/(℃/min)	降温速率
8	压	750	350	15	5	自然降温
9	张	750	300	20	3	自然降温
10	张	500	350	5	5	自然降温
11	张	300	400	10	5	自然降温
12	张	400	400	10	5	自然降温
13	张	500	400	10	5	自然降温
14	张	400	400	10	5	自然降温
15	张	400	400	10	5	自然降温

3.4.2 性能表征

1. 应变量的 Raman 表征

根据 Ingrid De Wolf 理论,当单晶 Si 受到内应力时,其拉曼散射光谱相对于其本征频

率会发生偏移。对于(110)、(111)和(100)晶面,其所受内应力大小和频移满足以下关系:

$$\Delta\omega = \frac{\lambda_1}{2\omega_0} = \frac{p(S_{11}+S_{12})+q(S_{11}+3S_{12})+rS_{44}}{4\omega_0}\sigma_{XX} \tag{3-1}$$

$$\Delta\omega = \frac{\lambda_2}{2\omega_0} = \frac{p(S_{11}+S_{12})+q(S_{11}+3S_{12})-rS_{44}}{4\omega_0}\sigma_{XX} \tag{3-2}$$

$$\Delta\omega = \frac{\lambda_3}{2\omega_0} = \frac{q(S_{11}+S_{12})+pS_{12}}{2\omega_0}\sigma_{XX} \tag{3-3}$$

式中,$\Delta\omega$ 为拉曼频移($\Delta\omega = \omega - \omega_0$,$\omega$ 为应变 SOI 拉曼谱线波数,ω_0 为体硅拉曼谱线波数),λ_1 为入射光波长,λ_2 为散射光波长,p、q、r 为声子形变潜能,S_{11}、S_{12}、S_{44} 为硅柔性张量。因此(110)、(111)和(100)晶面上的拉曼频移和单晶 Si 应力满足以下关系:

$$\sigma_{(110)XX} = -347\Delta\omega \tag{3-4}$$

$$\sigma_{(111)XX} = -1822\Delta\omega \tag{3-5}$$

$$\sigma_{(100)XX} = -434\Delta\omega \tag{3-6}$$

所得结果若为正值表示张应力,负值表示压应力。由应力与频移关系式中可以看出,如果单晶 Si 为压应变,拉曼光谱波数增大;反之,单晶 Si 为张应变,拉曼光谱波数减小。

根据胡克定律,应力 σ 与应变 ε 之间满足关系式:

$$\varepsilon = \frac{\sigma}{E} \tag{3-7}$$

式中,E 为杨氏模量,硅的 $E = 169\,\mathrm{GPa}$。由式(3-7)和式(3-6)可推得⟨110⟩晶向应变 SOI 与拉曼频移的关系如下:

$$\varepsilon(\%) = -0.259\Delta\omega \tag{3-8}$$

式中,ε 为应变值,单位是%;$\Delta\omega$ 的单位为 cm^{-1}。

本实验采用 LabRAM HR800 拉曼光谱仪测试应变 SOI 晶圆样品的应力,激光波长为 325 nm,光栅数为 2400,曝光时间为 20 s。为了表征应力分布,样品均采用 5 点测试法,如图 3.15 所示。

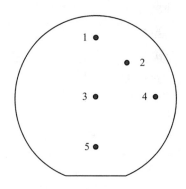

图 3.15 拉曼测试点分布示意图

为了对比工艺对 SOI 晶圆顶层 Si 应变的作用,弯曲退火前和退火后分别对顶层 Si 进行拉曼光谱测试,然后通过计算得到相应应变值的大小。

图 3.16 是机械致单轴应变 SOI 晶圆样品 8、9、10 弯曲退火前、后的拉曼光谱。

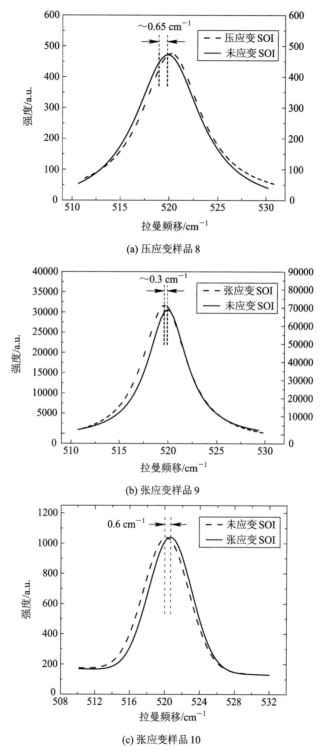

(a) 压应变样品 8

(b) 张应变样品 9

(c) 张应变样品 10

图 3.16　机械致晶圆级单轴应变 SOI 晶圆拉曼光谱

根据式(3-8)计算得到了三个样品的应变量,如表3.8所示。由表可见,相同应变类型样品的应变量随弯曲半径的增大而增大,相同弯曲半径下,压应变的应变量比张应变大。

表 3.8   机械致单轴应变 SOI 实验结果

样品编号	弯曲半径/m	应变类型	拉曼峰 w/cm^{-1}		频移 $\Delta\omega/\mathrm{cm}^{-1}$	应变 $\varepsilon/\%$
			工艺前	工艺后		
8	0.75	压应变	519.35	520.00	0.65	−0.168
9	0.75	张应变	519.92	519.62	−0.30	0.078
10	0.5	张应变	520.7	520.2	−0.6	0.1554

表 3.9 是本实验与 C. Himcinschi 实验的结果对比,可以看出,在相同 0.75 m 曲率半径下,本实验中张应变 SOI 晶圆的应变量比 C. Himcinschi 方法的应变量大,尤其是本实验的压应变的应变量是 C. Himcinschi 方法的两倍。

表 3.9   本实验单轴应变 SOI 实验结果与文献结果对比

样品编号	应变类型	应变量 $\varepsilon/\%$	
		本实验	C. Himcinschi
8	压应变	−0.168	−0.078(大约)
9	张应变	0.078	0.058

为研究弯曲半径对单轴应变 SOI 应变量的影响,对顶层 Si、氧化层及衬底厚度分别为 220 nm、2 μm 和 400 μm 的三个同规格 SOI 晶圆样品 11、12、13,分别采用不同曲率半径进行相同的退火工艺实验。样品的拉曼光谱及应变量如图 3.17 和表 3.10 所示。由表 3.10 可见,应变量随着弯曲台半径的增大而增大。

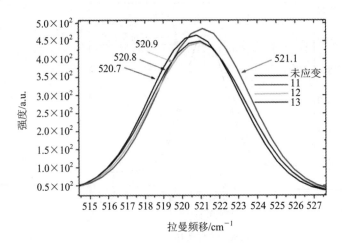

图 3.17   样品 11、12 和 13 的拉曼光谱

表 3.10　弯曲半径对 SOI 晶圆应变的影响

样品编号	弯曲半径/m	拉曼峰/cm^{-1}	频移 $\Delta\omega$/cm^{-1}	应变 ε/%
11	0.3	521.1	0.4	-0.136
12	0.4	520.9	0.2	-0.052
13	0.5	520.8	0.1	-0.026

为对比相同弯曲半径和相同工艺条件下不同衬底厚度 SOI 晶圆的应变，本实验选取顶层 Si 和 SiO$_2$ 层厚度分别为 220 nm 和 2 μm、衬底厚度分别为 400 μm、300 μm 和 500 μm 的 SOI 晶圆样品 12、14、15，在弯曲半径为 400 mm 的弯曲台进行。样品的拉曼光谱及应变量如图 3.18 和表 3.11 所示。实验结果表明，衬底厚度较薄的 SOI 晶圆样品可获得较大的应变量。

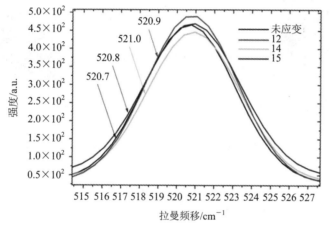

图 3.18　样品 12、14 和 15 的拉曼光谱

表 3.11　样品的拉曼表征及应变量

样品编号	衬底厚度/μm	拉曼峰/cm^{-1}	频移 $\Delta\omega$/cm^{-1}	应变 ε/%
12	400	520.9	0.2	-0.052
14	300	521.0	0.3	-0.078
15	500	520.8	0.1	-0.026

2. 表面粗糙度的 AFM 表征

为了研究工艺对于材料表面粗糙度的影响，本实验采用 AFM 技术，分别对机械致晶圆级单轴应变 SOI 样品 8 工艺前、后的表面粗糙度进行 AFM 表征，如图 3.19 所示，扫描采样区域面积为 10 μm×10 μm。

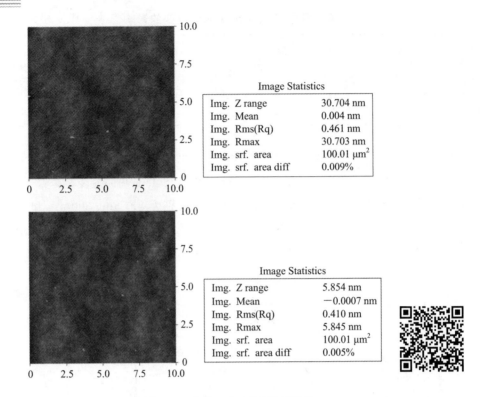

图 3.19　样品 8 工艺前、后 AFM 测试结果

如表 3.12 所示，样品 8 的表面粗糙度(RMS)在工艺前、后几乎没有变化，表明采用机械弯曲制备应变 SOI 晶圆的方法对样品的表面粗糙度没有影响。

表 3.12　样品的表面粗糙度(RMS)

样品编号	RMS/nm	
	工艺前	工艺后
8	0.461	0.410

3. 表面位错密度的 DIC 表征

利用表面腐蚀工艺和微分干涉衬度光学显微镜(DIC)，可表征工艺对 SOI 晶圆顶层 Si 的表面位错密度的影响。

(1) 样品的预处理。

① 将样品浸泡于丙酮，并放入超声波清洗机中清洗 3~5 min；

② 再转移至无水乙醇中继续超声波清洗 3~5 min；

③ 最后用去离子水冲洗。

(2) 样品的腐蚀。

配制体积比为 $CrO_3 : H_2O = 50g : 100 ml$ 的 CrO_3 铬酸标准液，再将配好的铬酸标准液与 40％的 HF 溶液以 3∶2 的体积比配置，即获得 SOI 晶圆顶层 Si 表面所需的腐蚀液。

（3）DIC 成像表征。

用配制好的腐蚀液对未应变 SOI 晶圆样品 0 和机械致单轴应变 SOI 晶圆样品 8 进行表面腐蚀，时间为 3 min。取出并清洗后进行 DIC 成像。

本实验中，图像视场面积约为 170 μm×125 μm。如图 3.20 所示的腐蚀结果表明，无论是初始样品 0 还是工艺后的样品 8 均没有发现位错缺陷，说明工艺对于 SOI 晶圆顶层 Si 表面位错缺陷的产生并没有不良影响。

(a) 0 号样品

(b) 8 号样品

图 3.20　未应变与机械致单轴应变 SOI 样品的 DIC 图像

4. 表面弯曲度表征（表面平整度表征）

由于本章制作晶圆级单轴应变 SOI 的两种方法的工艺过程都是使 SOI 晶圆发生弹性弯曲，因此采用应力测试仪，对机械致和高应力 SiN 薄膜致单轴应变 SOI 晶圆样品工艺前、后的曲率半径进行了测试，用以考察这两种工艺对 SOI 晶圆样品表面弯曲度的影响。其中，弯曲度可表示为

$$k = \frac{1}{R} \qquad (3-9)$$

则工艺前、后晶圆表面弯曲度分别为 k_0 和 k。

如表 3.13 所示为机械致单轴应变 SOI 晶圆样品 8、9、10 在工艺前、后的测试结果。从测试结果可以看出,对于压应变样品 8,工艺前其曲率半径为 -161.53 m,工艺后其曲率半径为 554.78 m。由于压应变工艺的实施,样品 8 顶层 Si 由初始状态向上的微凸形貌转变为微凹。对于进行了张应变工艺的样品 9、样品 10,其曲率半径分别由初始状态的 -243.22 m 和 -261.45 m,减小到 -235.81 m 和 -114.79 m,说明由于张应变退火工艺的进行,它们的顶层 Si 向上微凸形貌的曲率半径都有所减小,且样品采用的弯曲台半径越小,这种现象越明显。

表 3.13 机械致单轴应变 SOI 弯曲度测试结果

样品编号	张/压应变	弯曲台半径/mm	晶圆曲率半径/m		晶圆弯曲度/m^{-1}	
			工艺前 R_0	工艺后 R	工艺前 k_0	工艺后 k
8	压	750	-161.53	554.78	-0.0062	0.0018
9	张	750	-243.22	-235.81	-0.0041	-0.0042
10	张	500	-261.45	-114.79	-0.0038	0.0088
11	压	300	-207.58	406.93	-0.0048	0.0025
12	压	400	-208.46	563.67	-0.0048	0.0018
13	压	500	-206.44	782.21	-0.0048	0.0012
14	压	500	-179.26	515.23	-0.0056	0.0019
15	压	500	-151.15	998.92	-0.0066	0.0010

对于不同弯曲台半径以及不同衬底厚度的样品 11～15,同样进行了机械弯曲退火工艺前、后的弯曲半径测试,得到相似的结果,如表 3.13 所示。由于都采用压应变工艺对 SOI 晶圆进行处理,样品 11～15 的曲率半径都由负值变为绝对值很大的正值,即晶圆表面弯曲形貌都由顶层 Si 向上的微凸变为微凹,且曲率半径都非常大,这说明表面曲率很小,即加工后的样品具有良好的表面平整度。

以上两组工艺样品测试结果都显示,弯曲退火工艺会使 SOI 晶圆样品弯曲度发生微小的改变,这种改变可能来源于 SiO_2 的塑性形变和其他部分的残余应力。但是弯曲度的改变量很小,其曲率半径相对于所采用的弯曲台的弯曲半径(500 mm 和 750 mm)来说,绝对值大了两个数量级,这说明样品没有因为工艺的实施而发生较大的弯曲形变,依然保持了很好的平整度,不会对 SOI 晶圆在后续半导体工艺中的可用性造成不良影响。

本 章 小 结

　　本章基于梁弯曲理论与 SOI 晶圆的材料力学特性，提出了采用机械弯曲加退火制备晶圆级应变 SOI 的新工艺方法，详细阐述了此新工艺方法的机械弯曲应变引入机理，以及弯曲退火状态下 SiO_2 塑形形变的 SOI 材料应变保持机理。

　　本章制作了多套适用于不同晶圆尺寸的压杆式和旋套式机械弯曲台，制订了详细的工艺实施方法，并系统地进行了机械致应变 SOI 晶圆的工艺实验，并对所制备的样品进行了详细表征。实验结果表明，采用不同的方案，此工艺方法可以在 SOI 晶圆顶层 Si 中引入张应变与压应变；顶层 Si 中引入的应变量大小与晶圆的曲率半径成反比，同时，在相同的弯曲半径下，SOI 晶圆 Si 衬底厚度越小，所能实现的应变量越大；通过对所制备样品的 AFM 成像、DIC 表征以及晶圆表面弯曲度表征可以发现，工艺后 SOI 晶圆顶层 Si 的表面粗糙度、表面位错密度以及弯曲半径均没有明显的恶化，表明其具有较高的工艺可靠性。

第 4 章

高应力 SiN 薄膜致晶圆级应变 SOI 技术

根据 SiN 薄膜的高应力特性，SOI 晶圆的材料与结构特性、材料力学特性，本章提出了基于高应力 SiN 薄膜的晶圆级应变 SOI 制作新方法。基于该方法的原理，本章重点介绍了应变引入机理、应变保持机理与方法、应变增强效应机理与方法、应变记忆效应和方法、高应力 SiN 薄膜的应力尺度效应、双轴应变转为单轴应变的实现方法等理论与实验。

4.1 SiN 薄膜致应变 SOI 晶圆制作原理

1. 应力（源）的产生——高应力 SiN 的淀积

由上述研究可知，SiN 薄膜已成功应用于 DSL、应力记忆等应变 Si 技术，且与先进成熟的 Si 工艺完全兼容，因此，本章提出采用高应力 SiN 薄膜作为制作晶圆级单轴应变 SOI 的应力源。通过 PECVD 技术或 LPCVD 技术，淀积在 Si 片上的 SiN 薄膜具有高应力特性，且可通过调整工艺参数实现张应力或压应力。

有研究表明，PECVD 技术淀积的 SiN 薄膜具有应力大、应力特性可调、工艺参数调整灵活、淀积质量稳定等特点，因此，本书采用 PECVD 技术淀积的高应力 SiN 薄膜，作为制作晶圆级单轴应变 SOI 的应力源。

2. 应变的引入——SOI 晶圆的弯曲与顶层 Si 的平面拉伸或压缩

淀积的高应力 SiN 薄膜通过两种途径将其应力引入 SOI 晶圆中。一方面，与机械致工艺类似，高应力 SiN 薄膜导致 SOI 晶圆发生弹性弯曲而引入应变及相应的应力。例如当具有高应力的 SiN 薄膜淀积在 SOI 晶圆的顶层 Si 表面时，基于梁弯曲理论，晶圆会产生弯曲，其中中性面之上的部分会产生拉伸形变，而中性面之下的部分则产生压缩形变，从而使顶层 Si 的晶格常数增大，产生张应变。另一方面，基于 SOI 晶圆的结构和 SiO₂-Si 界面的滑移柔顺特性，如图 4.1(b)所示，高应力 SiN 薄膜会使与之紧密结合的顶层 Si 相对于 Si 衬底发生一定程度的平面拉伸，使其晶格常数增大，相应地引入张应变。

3. 应力的保持与记忆——高温退火

通过对 SOI 晶圆结构特性、材料力学与热学特性的深入研究，并根据弹塑性力学原理，本章提出了应力保持与记忆的方法——高温退火。高温退火一方面可使 SiO₂ 埋绝缘层薄膜发生塑性形变而顶层 Si 保持弹性形变，从而拉持顶层 Si 保持其应变状态。另一方面，对于进行了重离子注入的 SOI 晶圆，在 SiN 薄膜应力拉持的状态下对顶层 Si 进行重结晶，应变会在重结晶的过程中记忆到顶层 Si 中。因此，如图 4.1(c)所示，在去除高应力 SiN 薄膜后，最终可将引入 SOI 晶圆顶层 Si 中的应变保持并记忆下来。

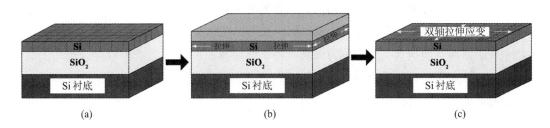

图 4.1　SiN 薄膜致应变 SOI 的拉伸应变引入与保持原理示意图

4. 应变的增强——离子注入

根据 SOI 晶圆 SiO₂ 薄膜与 Si 衬底的界面结构特性以及离子注入原理，本书提出了采用离子注入手段实现大应力的方法。

在 SiO₂ 薄膜与 Si 衬底的界面处注入 H 离子或 He 离子，可导致界面处的结构强度减弱，使得 SiO₂ 薄膜与 Si 衬底易发生滑移，从而可产生相对大的应变和应力。

离子注入工艺是根据 SOI 晶圆的材料结构和注入离子类型来确定的。

5. 晶圆级单轴应变的形成——SiN 薄膜的图形化

由于淀积在 SOI 晶圆上的 SiN 薄膜是双轴应力，如何将晶圆级双轴应力与应变转变成晶圆级单轴应力与应变，是本书最关键的问题。

基于尺度效应，本书提出了采用 SiN 薄膜的图形化手段实现双轴应力转变为单轴应力的方法，即采用光刻与刻蚀工艺，将晶圆级双轴应变的 SiN 薄膜刻蚀成无数个微米级的线条，使其转变成单轴应变，从而使晶圆级双轴应变 SOI 也转变成晶圆级单轴应变 SOI。

6. 形成晶圆级单轴应变 SOI——SiN 薄膜去除

采用干法或湿法刻蚀技术去除剩余的 SiN 薄膜，最终制作成晶圆级单轴应变 SOI。

4.2　SOI 晶圆应变机理

基于 SiN 薄膜的应力特性、SOI 晶圆的结构特性、DSL 技术原理以及尺度效应原理等，本节主要介绍 SiN 薄膜致晶圆级单轴应变 SOI 的应力机理。

4.2.1　应变引入机理

研究表明，在单晶 Si 上淀积的 SiN 薄膜具有较高的应力，且应力的大小和张、压特性可以通过调整淀积工艺来实现。

采用 PECVD 技术淀积的 SiN 薄膜内可含有相当数量的氢原子（10%～30%），因此是非化学配比的，即 $Si_xN_yH_z$。当 SiN 薄膜结构致密、缺陷较少时，薄膜的本征应力较小；若薄膜中缺陷或者空洞较多，结构较为稀疏，为了维持薄膜的形态会产生收缩，宏观上表现为薄膜具有张应力；若薄膜中存在过剩的游离单质 Si 或 N 进入空洞或者缺陷中，则薄膜会发生膨胀，宏观上表现为薄膜具有压应力。

本章所提出的高应力 SiN 薄膜致应变 SOI 工艺技术中，淀积的压应力 SiN 薄膜通过两种途径将其应力引入 SOI 晶圆中，其应力引入机理如图 4.2 所示。

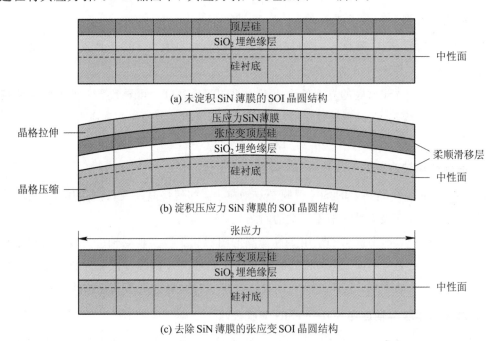

(a) 未淀积 SiN 薄膜的 SOI 晶圆结构

(b) 淀积压应力 SiN 薄膜的 SOI 晶圆结构

(c) 去除 SiN 薄膜的张应变 SOI 晶圆结构

图 4.2　SiN 薄膜致张应变 SOI 工艺原理示意图

根据弹塑性力学理论，压应力 SiN 薄膜的一部分应力使得 SOI 晶圆产生向下的弯曲以平衡其应力，由于处于中性面以上，其顶层 Si 薄膜和 SiO_2 埋绝缘层薄膜被拉伸，处于张应变的状态，如图 4.2(b) 所示。同样，淀积的张应力 SiN 薄膜也通过两种同样的途径将其压应变引入 SOI 晶圆中，其原理如图 4.3 所示。张应力 SiN 薄膜的一部分应力使得 SOI 晶圆产生向上的弯曲以平衡其应力，由于处于中性面以上，其顶层 Si 薄膜和 SiO$_2$ 埋绝缘层薄膜被压缩，处于压应变的状态。更重要的是，由于 SOI 独特的顶层 Si－SiO$_2$ 埋绝缘层—Si 衬底复合结构，以及各层界面特性的影响，其在淀积到其上的高应力 SiN 薄膜应力的作用下，具有柔顺滑移特性。如图 4.1 所示，受到这一特性的影响，SOI 晶圆的顶层 Si 和 SiO$_2$ 埋绝缘层薄膜会产生平行于材料平面的薄膜拉伸，以平衡受到的 SiN 薄膜应力，从而使顶层 Si 产生张应变。

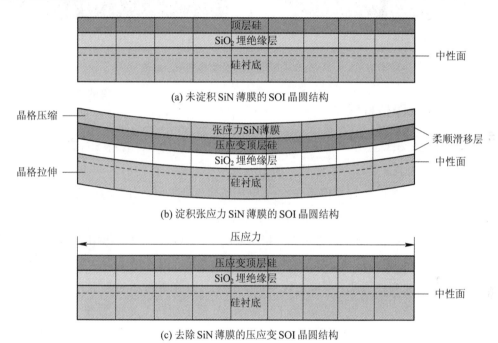

(a) 未淀积 SiN 薄膜的 SOI 晶圆结构

(b) 淀积张应力 SiN 薄膜的 SOI 晶圆结构

(c) 去除 SiN 薄膜的压应变 SOI 晶圆结构

图 4.3　SiN 薄膜致压应变 SOI 工艺原理示意图

4.2.2　应变增强机理

由于 SiO$_2$ 与 Si 衬底之间的完美键合界面，源自晶片弯曲和层拉伸引起的应变太小而不能获得显著的应变。基于对 SOI 材料特性和界面结构特性的研究，本书利用注入诱生界面缺陷对层间应力的加速弛豫作用，在 SiO$_2$ 与 Si 衬底界面处进行 He$^+$ 注入，以增强利用高应力 SiN 薄膜引入 SOI 的应变。

对于 He$^+$ 注入引起的界面缺陷，它在基于 SiGe 虚拟衬底与基于高应力 SiN 薄膜淀积制备应变 SOI 晶圆的过程中都起到了增强应变的作用，但其应变增强的机制并不相同。如图 4.4 所示，与未进行 He$^+$ 注入的 SOI 晶圆相比，进行了 He$^+$ 注入的 SOI 晶圆，在 SiO$_2$ 与 Si 衬底界面处引入了额外的注入缺陷，将降低其层间的结合强度，引起更为显著的层间相对滑动，使 SiO$_2$ 层和顶层 Si 层在相同的 SiN 薄膜应力下获得更大程度的拉伸。图 4.4

中的黑色实线箭头表示 SiO_2 和 Si 衬底之间的相对滑动，即柔顺滑移现象，其在 SOI 材料的应变增强过程中起到了关键作用。

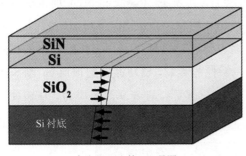

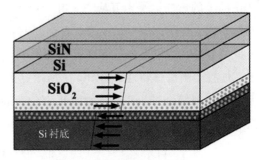

(a) 未注入 He^+ 的 SOI 晶圆　　　　　　　　　　(b) 注入 He^+ 的 SOI 晶圆

图 4.4　SOI 柔顺滑移应变增强机理示意图

4.2.3　应变保持机理

虽然可通过淀积高应力 SiN 薄膜在 SOI 晶圆中引入应力，但若将 SiN 薄膜去除，引入的应力最终会消失。这是因为无论是弯曲引入的应力，还是拉伸引入的应力，都是弹性形变；一旦外力去除（高应力 SiN 薄膜去除），SOI 晶圆将会复原，引入的应力自然就会消失。因此，如何保持 SOI 中的应力是需要解决的关键问题。

由 Si 和 SiO_2 的材料力学特性可知，相同温度下，SiO_2 的屈服强度小于晶体 Si 的屈服强度，因而理论上可以通过使 SOI 晶圆处于适当的温度与应力作用下，使 Si 保持弹性形变，而使 SiO_2 发生塑性形变。在满足这样的条件下，去除所施加的温度和作用力后，SOI 晶圆中 SiO_2 埋绝缘层的塑性形变就能部分保持，从而带动其上的顶层 Si 层保持相应的应变，如图 4.5 所示。并且因为晶体 Si 发生的仍然是弹性形变，在去除施加的作用力后，淀积 SiN 状态下弯曲的 SOI 晶圆又可以恢复到初始的平整状态，不会造成晶圆的质量恶化甚至报废。

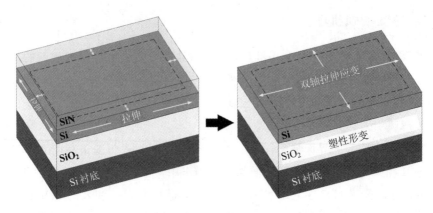

图 4.5　SiO_2 埋绝缘层塑性形变的应变保持机理

4.3　应变 SOI 相关效应

4.3.1　顶层 Si 非晶化重结晶的应力记忆效应

SMT(Stress Memorization Technique，应力记忆技术)的原理如图 4.6(a)所示，通过在栅或 S/D 区域淀积 SiN 薄膜，作为暂时的应力牺牲层提供临时应力；而后再通过退火将 SiN 薄膜中的应力记忆下来。器件结构中的多晶硅栅由于在退火过程中受到应力牺牲层的应力的影响，在沟道应力记忆效应的产生机理方面也发挥了重要作用。

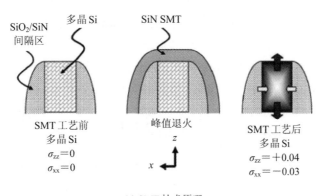

(a) SMT 技术原理

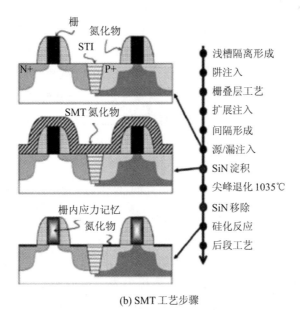

(b) SMT 工艺步骤

图 4.6　STM 原理和工艺步骤示意图

STM 的工艺步骤如图 4.6(b)所示，先自对准在器件上淀积一层无定形的多晶硅栅，然后在多晶硅栅上淀积高张应力 SiN 薄膜并刻蚀掉 PMOS 上的 SiN 薄膜，最后在源漏区进行退火，使多晶硅重结晶，再在高温下利用高应力 SiN 薄膜对整个非晶硅的拉伸作用进行重结晶，把应力记忆到多晶硅栅中，最后通过多晶硅栅的应力变化，在沟道中引入单轴应变。

如图 4.6(a)所示，若在器件栅结构上淀积张应力 SiN 薄膜，因为退火过程中多晶硅栅受到 SiN 应力薄膜的限制，会从器件沟道的上方对沟道形成垂直向下的压应力；同时在水平方向，由于受到 SiN 薄膜横向的拉伸应力，也会在重结晶过程中对沟道材料产生拉伸作用，从而提高 NMOS 器件的电子迁移率。同理，与淀积薄膜应力极性相反的 SiN 应力膜，会产生相反的作用机制，在沟道材料中引入压应变，可以提高 PMOS 器件的空穴迁移率。

根据 SMT 技术原理以及 SOI 晶圆的结构特性和材料特性，本节提出了采用离子注入非晶化且高温退火重结晶使应力保持并记忆的方法。该方法的原理是，将 Si、Ge、As 等离子注入 SOI 晶圆的顶层 Si 中，使其非晶化；随后淀积高应力 SiN 薄膜并高温退火，非晶化顶层 Si 中已引入的应变与应力在退火重结晶过程中被记忆保留下来。同时，高温退火又使得 SiO_2 埋绝缘层薄膜发生了塑性形变（硅衬底在相同温度下只发生弹性形变），塑性形变的 SiO_2 薄膜对弹性形变的硅单晶薄膜有拉持作用，从而增强了 SOI 晶圆顶层 Si 中的应变或应力。

4.3.2 单轴应变引入-高应力 SiN 薄膜应力尺度效应

由于 SiN 薄膜是淀积在 SOI 晶圆上的，因此其应力是双轴应力，引入到 SOI 晶圆的应力也是双轴应力。本书提出了 SiN 薄膜图形化方法，即将 SiN 薄膜刻蚀成微米级的线条，实现将双轴应变转变成单轴应变。

尺度效应，是指材料本身的性质随尺寸的改变而变化的现象。根据材料尺寸的大小，尺度效应可以分为三种尺度范畴，即宏观、介观和微观尺度。当材料从一个尺度范畴进入另一个尺度范畴时，材料在原有尺度范畴内的性质在新的尺度范畴内将不再适用。宏观尺度，即材料尺寸大于微米级，此时物质遵循经典物理定律；当材料尺寸减小到微观尺度，此时经典物理定律将不再适用，需要用量子物理来描述物理规律；而介于宏观与微观尺度之间的范畴，称为介观尺度。在介观尺度范畴内，材料的各种性质与宏观尺度范畴内的相比，将发生很大变化。

材料在纳米尺寸下，构成物质的基本粒子之间的相互作用对于材料性质的影响将逐渐显现，材料将出现一些和尺度大小相关的特殊效应。受到这些效应的影响，纳米尺度材料将展现出了特殊的材料特征。

随着技术的进步，人类对微观物质的改造能力日益增强，材料的力学尺度效应也越来越受到研究人员的重视。针对传统的弹塑性理论中表现出的不足，研究人员用应变梯度理论中的应变梯度相来完善经典理论在微观下的缺陷。由于应变梯度的不变量与传统应变的不变量存在长度量纲上的差异，因此需要在本构关系中引入相关长度参量，使二者的量纲匹配，并以此来描述其微观结构的尺度效应。在大尺寸下，这些长度参量可以使应变梯度相的影响忽略不计,而在微观尺度下,应变梯度相在材料性能的描述中将发挥重要作用。

根据材料力学的基本理论,单晶 Si 的性质是各向异性的。根据应变梯度理论,当把具有双轴应变的单晶 Si 材料在某个纬度上刻蚀到纳米尺度时,其力学性质与较大尺寸材料相比将发生显著变化。已有研究人员发现,在弛豫 SiGe 上外延的张应变 Si 薄膜,在刻蚀成如图 4.7(a)所示的纳米柱状或纳米带状时,材料中的应变性质将发生弛豫。当应变刻蚀成纳米柱时,张应变 Si 的应变度随纳米柱半径的减小而逐渐减小;而当把应变 Si 刻蚀成如图 4.7(b)中的条状时,将发生各向异性的应变释放。即应变只在尺度减小的方向上发生弛豫,而在长度方向上变化不大,且尺寸越小应变度越小,应变减小幅度越大,如图 4.8 所示。

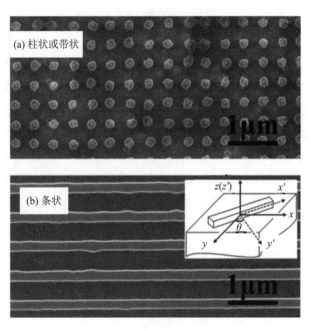

图 4.7　刻蚀后顶层 Si 的 SEM 图

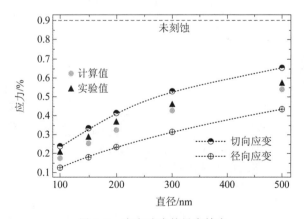

图 4.8　应变弛豫的尺度效应

对于非晶化的高应力 SiN 薄膜，根据尺度效应的基本原理，其应力特性也应存在尺度效应。即随着 SiN 几何尺寸在一定方向上由宏观尺度减小到微纳尺度，其内应力会在相应方向发生衰减。

根据已有文献报道，对于含有高内应力的单晶、金属、合金和多晶薄膜，内应力会沿尺寸减小的方向发生弛豫，而在与之垂直的方向上可以得到保持。根据内应力的尺度效应原理，如果采用光刻工艺将 SiN 薄膜刻蚀成特定形状，则将改变薄膜的内应力。由于刻蚀的缘故，薄膜横截面形成自由表面，垂直于自由表面的法向应力将在薄膜边缘处发生弛豫，而与自由表面平行的剪切应力几乎保持不变，但这种由于自由面的引入导致的引力弛豫只能发生在很小的范围内。但是，当材料在特定方向上的尺寸减小至亚微米级时，相邻自由表面的应力松弛将产生叠加效应，导致本来局限于自由表面处的应力弛豫扩展到薄膜材料的内部，这就是高应力薄膜内应力的尺度效应。

因此，如图 4.9 所示，当在 SOI 晶圆顶层 Si 表面形成 SiN 条形阵列时，将形成沿 SiN 条形长度方向的近似单轴应力。此时，在此单轴应力的作用下，SiN 条形阵列下方的顶层 Si 将引入单轴应变。另外，在相邻单轴应变 Si 区域与沿阵列方向被拉伸的 SiO_2 层的协同作用下，未覆盖 SiN 的顶层 Si 区域也将产生几乎相同的单轴应变。与此同时，由于条形阵列宽度的存在，也会有一定程度沿阵列宽度方向的应力作用于顶层 Si 上，但是，仅长度方向上的应力能够满足使 SiO_2 埋绝缘层发生塑性形变的应力条件。因此，在退火去除 SiN 棒阵列之后，仅有沿棒长度方向的单轴应变能够被引入整个 SOI 晶圆的顶层 Si 中。

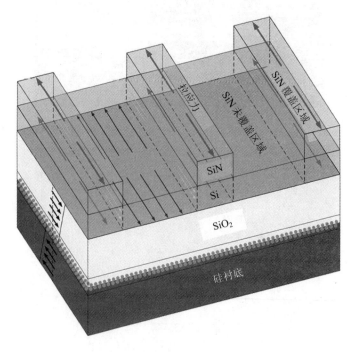

图 4.9　基于高应力 SiN 薄膜应力尺度效应的单轴应变引入机理

4.4	**应变机理与相关效应的验证实验**

本节通过设计对照组，根据实验制备样品过程中不同工艺步骤的应变量变化情况，对所提出的 SOI 晶圆应变引入、应变保持和应变增强机理进行实验验证。

样品 A1 和 A2 为顶层 Si、SiO$_2$ 埋绝缘层和 Si 衬底厚度分别为 30 nm、375 nm 和 525 μm 的 4 英寸(100)晶面 SOI 晶圆，样品 A3 为衬底 Si 厚度为 525 μm 的 4 英寸(100)晶面 Si 晶圆。采用 PECVD 工艺，淀积完全相同的 -1 GPa 压应力 SiN 薄膜，淀积工艺参数如表4.1所示。样品的注入参数、退火工艺见表 4.2。

表 4.1　SiN 薄膜淀积工艺参数

压力(P)/mTorr	高频功率(HFP)/W	低频功率(LFP)/W	t/s	T/℃	N$_2$ 流量/slm	NH$_3$ 流量/slm	SiH$_4$ 流量/slm
360	150	100	60	400	150	12	12

注：mTorr：压强单位；slm：微小气体流量计及控制器的流量单位。

表 4.2　柔顺滑移特性的应变增强机理实验

样品	注入参数	退火工艺
A1	未注入	N$_2$，650℃，10 h
A2	He，46 keV，1×10^{16} 个/cm^2	N$_2$，650℃，10 h
A3	未注入	N$_2$，650℃，10 h

在工艺进行的过程中，利用 Raman 光谱测试和薄膜应力测试仪，对不同样品的初始状态(Initial SOI)、淀积 SiN 薄膜后(post SiN deposition)、未退火去除 SiN 薄膜后(post SiN stripping without anneal)、淀积 SiN 薄膜并退火后(post annealing)、去除 SiN 薄膜后(post SiN stripping)的应变量和晶圆弯曲度进行测试。对于 Si(100)晶面的双轴应变，拉曼频移 $\Delta\omega$ 与双轴应变量 ε 满足以下关系式：

$$\varepsilon(\%) = -0.128\Delta\omega(\text{cm}^{-1}) \tag{4-1}$$

因此可以得到如图 4.10 和表 4.3 所示的实验结果。

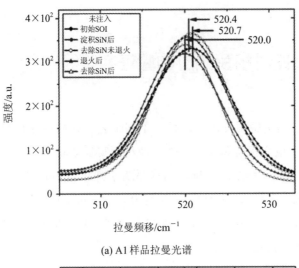

(a) A1 样品拉曼光谱

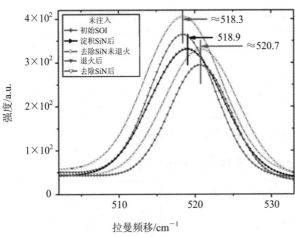

(b) A2 样品拉曼光谱

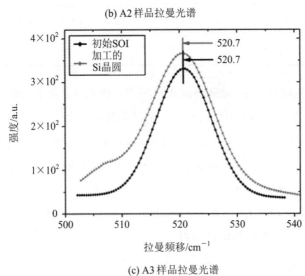

(c) A3 样品拉曼光谱

图 4.10 应变 SOI 晶圆的拉曼光谱

表 4.3　工艺过程中 SOI 晶圆样品的弯曲半径和应变量变化

样品	He$^+$ 注入（Y/N）	初始值	He$^+$ 注入后	SiN 淀积后	退火后	SiN 去除后
A1	N	弯曲半径/m				
		-553.0	None	-111.9	-99.3	-518.0
		应变量/%				
		0	—	0.0384	0.0896	0.0896
A2	Y	弯曲半径/m				
		-542.6	-548.2	-132.3	-131.6	-512.5
		应变量/%				
		0	0	0.2304	0.3072	0.3072

4.4.1　应变引入机理验证实验

对于 4.3.2 节高应力 SiN 薄膜致晶圆级应变 SOI 的晶圆弯曲与薄膜拉伸应变引入机理，本节通过比较 SOI 晶圆淀积高应力 SiN 薄膜前后，以及未经过退火便去除 SiN 薄膜样品引入的应变量和晶圆弯曲半径的变化，来分析此过程中应变的引入机制。

如图 4.10(a)、(b) 和表 4.3 所示，初始 A1 样品的拉曼峰位于 520.7 cm^{-1} 处，说明初始状态未有应变存在于 SOI 晶圆的顶层 Si 中，此时其晶圆弯曲半径为 553.0 m，表面晶圆表面平整度良好，未形成晶圆弯曲。当 SOI 淀积高应力 SiN 薄膜后，拉曼光谱显示，顶层 Si 的拉曼峰位于 520.4 cm^{-1} 处，获得了 -0.3 cm^{-1} 的拉曼频移，这说明随着具有压应力的 SiN 薄膜淀积在 SOI 晶圆上，顶层 Si 便会因为受到 SiN 薄膜的拉伸作用发生张应变；而此时 SOI 晶圆的弯曲半径显著增大到 -111.9 m，表面受 SiN 薄膜应力的作用，晶圆会发生一定程度的弯曲，但是弯曲量依然很小，不足以产生可通过拉曼光谱测试到的应变量。

对比同样工艺条件下进行了 He$^+$ 注入的 SOI 样品可以发现，淀积了相同应力的 SiN 薄膜样品的应变量显著增大，获得了 -1.8 cm^{-1} 的拉曼频移，但是其晶圆弯曲半径反而小于同等状态下的未注入样品，因此在此工艺下顶层 Si 所得到的应变量几乎全部由 SiN 造成的 SOI 顶层 Si 薄膜拉伸获得。此时，若未对样品进行退火处理，而直接取出淀积在 SOI 晶圆上的 SiN 应力薄膜，顶层 Si 的拉曼光谱峰又会恢复到初始的 520.7 cm^{-1} 处。实验结果表明，在 SOI 晶圆上淀积高应力 SiN 薄膜可以在顶层 Si 引入应变，但是随着淀积的应力膜的去除，引入的应变也会随之消失。

4.4.2　应变保持机理验证实验

对于 4.2.3 节提出的基于 SiO$_2$ 埋绝缘层塑性形变的应变保持机理，下面通过比较样品淀积 SiN 薄膜后、淀积 SiN 薄膜后退火和退火后去除 SiN 薄膜样品的应变量与晶圆弯曲度变化，来说明此工艺过程中的应变保持机理。

如图 4.10(a)、(b) 所示，未注入与 He$^+$ 注入样品在进行退火工艺后，其拉曼频移量都有一定程度的增大。未注入样品的拉曼峰由 520.4 cm^{-1} 红移到 520.0 cm^{-1} 处，频移增大了 0.4 cm^{-1}；He$^+$ 注入样品的拉曼峰由 518.9 cm^{-1} 红移到 518.3 cm^{-1} 处，频移同样增大了 0.4 cm^{-1}。结果说明，随着退火工艺的实施，SiN 中的应力会进一步增强，带动顶层 Si 获得更大的拉伸。对于退火后、去除 SiN 薄膜的样品，从图表中可以发现，其应变量并没有随着 SiN 应力的消失而恢复初始状态，SiN 薄膜的去除几乎对退火后样品的应变量没有影响。同时，随着 SiN 薄膜的去除，晶圆的弯曲半径几乎恢复到工艺前的初始状态。我们认为，在高温退火过程中，SiN 薄膜施加在 SiO$_2$ 埋绝缘层上的应力足以使其发生塑性形变时，在去除 SiN 薄膜后由应力造成的塑形形变会继续保持在 SiO$_2$ 埋绝缘层中，同时弯曲度恢复到晶圆初始状态，结果表明此时顶层 Si 与 Si 衬底并未发生塑性形变。此时，由于 SOI 晶圆 SiO$_2$-Si 衬底界面存在的柔顺滑移特性的作用，虽然 Si 衬底恢复初始状态，但是顶层 Si 在 SiO$_2$ 埋绝缘层塑性形变的带动下，保持了 SiN 薄膜淀积所引起的薄膜拉伸。同时，对比 He$^+$ 注入的样品也可以发现，由于 He$^+$ 的注入，减弱了 SiO$_2$-Si 衬底界面的结合强度，在相同大小应力的作用下，SiO$_2$ 埋绝缘层所能获得的塑性形变伸长量显著增大，进而带动顶层 Si 获得更大的应变量。

此外，通过图 4.10(c) 中进行了相同工艺的 Si 晶圆的实验结果可知，由于缺少了 SOI 晶圆中的 SiO$_2$ 埋绝缘层和 SOI 晶圆的柔顺滑移特性，完成工艺的 Si 晶圆中并不能引入应变。

4.4.3 应变增强机理验证实验

对于 4.2.2 节提出的应变增强机理，本小节设置了未注入样品与 He$^+$ 注入样品在工艺过程中应变量与晶圆弯曲度变化结果的对比，来阐述 SOI 材料柔顺滑移特性与 He$^+$ 注入在应变增强过程中的作用机理。

如图 4.10(a)、(b) 所示，淀积 SiN 后和淀积 SiN 并退火后的样品，在相同 SiN 应力的作用下，进行了 He$^+$ 注入的 SOI 样品都获得了更大的拉曼频移，最终增大的频移量都通过退火保留在了顶层 Si 中。而未进行 He$^+$ 注入的 Si 晶圆，由于没有 SOI 的多层结构，无法体现柔顺滑移特性，且没有 SiO$_2$ 的应变保持机制，无法实现应变的引入。因此我们认为，正是由于 He$^+$ 注入到 SiO$_2$-Si 衬底界面，会在此界面处形成一定的晶格缺陷，使界面的结合强度降低，更容易使界面上层与下层薄膜在应力的作用下发生相对滑动，进一步增强了 SOI 界面的柔顺滑移特性。而后，由于退火工艺的实施，发生了显著相对滑移的界面会因为高温作用进行局部的晶格重构，消除因离子注入形成的损伤，再一次形成较为完美的界面，从而致使层间结合强度增大，使发生的相对滑动固化，也使得增强的薄膜拉伸应变保存了下来。

比较表 4.3 中晶圆弯曲半径的变化可以发现，当 He^+ 注入样品顶层 Si 的应变量由退火前的 0.2304% 显著增大到退火后的 0.3072% 时，其弯曲半径并没有增大，而是几乎保持不变；而在同样的过程中，未注入样品的晶圆半径略有增大。分析这一弯曲度变化的差异，我们认为正是由于 He^+ 注入降低了界面结合强度，当退火引起 SiN 薄膜应力增大，注入样品的 SiN 应力薄膜会通过带动顶层 Si 和 SiO_2 层发生进一步滑移来平衡由于升温引起的 SiN 应力强化；而未注入样品由于界面结合较为牢固，其柔顺滑移作用相对较弱，升温引起的 SiN 应力强化不能完全通过界面的相对滑移完全释放，因此导致晶圆弯曲半径随着退火工艺的进行而进一步减小，通过晶圆的弯曲来平衡 SiN 应力的增强。

4.4.4　顶层 Si 非晶化重结晶应力记忆效应验证实验

本实验选用 3 个 SOI 晶圆样品 1、2、3，其结构参数如表 4.4 所示。

表 4.4　离子注入非晶化应力记忆效应实验

样品编号	尺寸/英寸	Si 衬底/μm	SiO_2/nm	顶层 Si/nm
1	6	675	500	450
2	6	675	500	150
3	4	525	375	30

采用 PECVD 工艺，淀积厚度(973 nm)和应力(-2 GPa)完全相同的压应力 SiN 薄膜。样品 1 未离子注入，样品 2 和 3 在 SiO_2-Si 衬底界面分别注入 He^+ 和 Ge^+，注入和退火工艺参数及拉曼测试结果如表 4.5 所示。由表可见，注入 As^+ 和 Ge^+ 的样品应变量均比未离子注入的样品大，实验证实了本节提出的离子注入非晶化应力记忆方法的机理。

表 4.5　非晶化应力记忆实验退火工艺参数及拉曼测试结果

样品编号	注入参数	退火工艺	拉曼值/cm^{-1}	频移/cm^{-1}	应变/%
1	未注入	N_2，500℃，2 h	520.02	-0.68	0.087
2	As，40 keV，1×10^{16} 个/cm^2	RTP，1035℃，30 s	518.89	-1.81	0.2324
3	Ge，5 keV，5×10^{14} 个/cm^2	N_2，900℃，2 h	519.27	-1.43	0.18361

本 章 小 结

基于 SOI 材料特性与结构特性，本章提出了高应力 SiN 薄膜致晶圆级应变 SOI 的新工艺方法，并对其应变机理进行了深入研究，包括应变引入机理、应变增强机理和应变保持机理。研究分析了基于 He^+ 注入的 SOI 应变增强效应、SiO_2 塑性形变和顶层 Si 非晶化重结晶的应力记忆效应，以及使单轴应变引入的高应力 SiN 薄膜应力尺度效应，并通过实验证明了所提出的应变机理与相关效应的合理性。

验证实验表明：高应力 SiN 薄膜致应变 SOI 的应变是由晶圆的机械弯曲与顶层 Si 和 SiO_2 薄膜的拉伸所引起的，并且拉伸应变在应变的引入中占据了主导作用；SOI 晶圆的 SiO_2 埋绝缘层在 SiN 应力以及合适的退火温度的作用下会发生塑性形变，当退火结束、去除淀积的 SiN 应力层，引入顶层 Si 的应变会因为 SiO_2 的塑性形变而保持下来；同时，对顶层 Si 采取了重离子注入的非晶化 SOI 晶圆，在 SiN 应力与退火的作用下，SiN 薄膜的应力也会被记忆在重新结晶的顶层 Si 薄膜中；基于 SOI 晶圆的柔顺滑移特性，对 SOI 晶圆的 SiO_2-Si 衬底界面进行 He^+ 注入，可以增强应变引入过程中顶层 Si 与 SiO_2 埋绝缘层的薄膜拉伸，显著增强引入应变量的大小；由于高应力薄膜的应力尺度效应，刻蚀成宽 1.5 mm、间距 3 mm 图形阵列的 SiN 薄膜，其应力会在条形宽度方向上释放而在条形长度方向上保持，利用 SiN 的应力尺度效应，成功实现在 SOI 晶圆中引入单轴晶圆级应变。

5

第 5 章

高应力 SiN 薄膜致晶圆级应变 SOI 晶圆制备

　　根据第 4 章提出的高应力 SiN 薄膜致应变 SOI 工艺技术和所阐述的应变机理与相关效应,本章将进行应变 SOI 晶圆的制备实验,包括用于应力引入的高应力 SiN 薄膜淀积实验、采用顶层 Si 非晶化再结晶的晶圆级双轴应变 SOI 制备实验、采用 He 离子注入增强应变的晶圆级双轴 SOI 晶圆制备实验以及基于高应力 SiN 薄膜应力尺度效应的晶圆级单轴应变 SOI 晶圆制备实验,并采用偏振 Raman、XRD(X 射线衍射)、AFM(原子力显微镜)、DIC 成像(微分干涉衬度光学显微镜成像)、TEM(透射电子显微镜),对实验所制备的应变 SOI 晶圆样品进行应变量和应变单双轴特性、表面粗糙度、位错密度、界面位错行为等进行表征。

5.1　SiN 薄膜的应力特性

　　基于 SiN 薄膜淀积工艺的技术特性,本章进行了 PECVD 技术淀积高应力 SiN 薄膜的实验研究,优化了 PECVD 技术淀积 SiN 薄膜的工艺,获得了高质量的 1.1 GPa 张应力 SiN 薄膜样品和 -2.0 GPa 压应力 SiN 薄膜样品。

5.1.1　SiN 薄膜的结构特性

　　采用 PECVD 方法淀积的非晶态 SiN 薄膜,其主要成分为 SiN,但由于工艺参数不同,其中还包含一定量的 H,形成 $Si_xH_yN_z$ 成分。SiN 薄膜结构中的 H 含量与淀积工艺的设置密切相关,对 SiN 薄膜的结构和应力特性产生直接影响。

　　如图 5.1 所示为 SiN 的微观结构,形成以 Si 元素为中心的四面体网络结构,N 元素占据正四面体的顶角位置,Si—Si 键的键长为 7.7660Å,Si—N 键的键长为 5.6293Å。

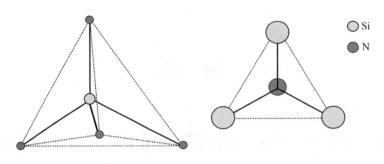

图 5.1　SiN 四面体结构

5.1.2　SiN 薄膜的应力特性

应力膜的应力一般包括外应力与内应力，其中外应力是通过诸如机械形变等获得的外源性应力，而内应力则是由于薄膜的结构特性或材料特性引起的内源性应力。薄膜内应力包括本征应力和热应力。

1. 热应力

在拥有复合结构的材料当中，不同的材料组分一般所具有的材料特性也不同。当体系温度变化时，不同材料间由于具有不同的热膨胀系数，会在彼此间产生应力作用，即热应力。具体来说，当温度升高时，热膨胀系数大的材料会受到热膨胀系数小的材料的压应力，反之，当温度降低时，热膨胀系数小的材料也会受到热膨胀系数大的材料的张应力作用。在高温下采用 PEVD 工艺淀积 SiN 薄膜后，样品温度由工艺温度降低到室温，此时若 SiN 膜的热膨胀系数大于单晶 Si 的热膨胀系数，由于 SiN 会发生更显著的收缩，单晶 Si 材料会受到 SiN 收缩形成的压应力；若 SiN 膜的热膨胀系数小于单晶 Si 的热膨胀系数，单晶 Si 会受到张应力。热应力的计算公式如下式所示：

$$F_{\mathrm{T}} = \int_{T_{\mathrm{m}}}^{T_{\mathrm{s}}} E(\alpha_{\mathrm{f}} - \alpha_{\mathrm{s}}) \mathrm{d}T \tag{5-1}$$

式中，F_{T} 表示热应力，T_{m} 和 T_{s} 分别为测量温度、淀积温度，α_{f}、α_{s} 为薄膜和衬底的热膨胀系数。

2. 本征应力

当淀积的 SiN 薄膜具有理想组分时，其结构十分致密，薄膜中几乎没有游离状态的 Si 或 N 原子时，其本征应力非常小。但是在淀积工艺过程中，反应气源或者淀积功率发生变化时，在 SiN 薄膜的膜内部就会出现空洞、缺陷，或游离的 Si、N 原子。当薄膜结构中存在较多的空洞和缺陷时，空洞和缺陷周围成键的 Si 或 N 的悬挂键之间就会相互吸引，以维持薄膜结构的完整，使空洞收缩，从而对 SiN 膜产生拉伸作用，SiN 薄膜的本征应力呈现出张应力；而当薄膜中存在较多的游离 Si、N 原子时，它们会进入薄膜空洞中，对空洞附近的 SiN 分子产生挤压，使薄膜发生膨胀，SiN 薄膜的本征应力表现为压应力。

3. 张应力

SiN 薄膜的 PECVD 淀积工艺是采用 NH_3、SiH_4 作为反应气源，以 N_2 作为其载气进行的，其化学反应过程如下式所示：

$$SiH_4(气) + NH_3(或 N_2)(气) \longrightarrow Si_x N_y H_z(固) + H_2(气) \qquad (5-2)$$

有研究认为，上述反应分为三个阶段：

（1）表面进行化学反应：$SiH_4\text{-}NH_3$（氨基硅烷）与 Si_2H_6（乙硅烷）形成气相基团，并在基体表面进行；

（2）H 的排除/浓缩反应：由 NH_3（氨气）和 H_2（氢气）参与，释放出过剩的 H，如图 5.2(a) 所示；

（3）Si—N 成键反应：在衬底表面形成 Si—N 化合键，如图 5.2(b) 所示。

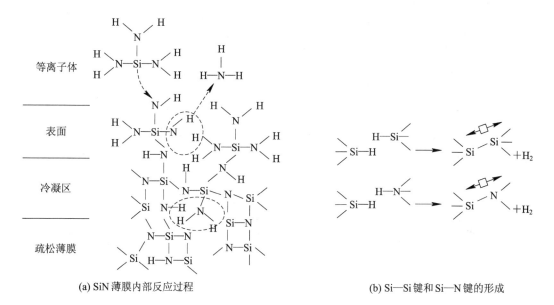

(a) SiN 薄膜内部反应过程　　　　　　(b) Si—Si 键和 Si—N 键的形成

图 5.2　SiN 薄膜淀积反应过程示意图

在形成张应力的 SiN 薄膜的反应中，随着 H 原子的去除，SiN 薄膜中形成空洞和 Si—、N—悬挂键，空洞附近的悬挂键之间彼此相互吸引，使空洞收缩并对薄膜产生拉伸作用，并且使 SiN 薄膜的致密性降低，此时 SiN 薄膜的本征应力为张应力。

4. 压应力

通过改变工艺参数，如改变高、低频功率或改变气源的 Si/N 比，可以在薄膜中引入压应力特效的本征应力。工艺中的低频功率会产生高能粒子轰击，使薄膜中的分子结构重构，也使薄膜的晶体结构变得更加致密，从而将压应力引入 SiN 薄膜中。

5.1.3　高应力 SiN 薄膜制备

本节采用如表 5.1 所示的 SiN 淀积工艺参数，在 SOI 晶圆上分别淀积张应力和压应力

SiN 薄膜。

表 5.1　SiN 淀积实验工艺参数

应力 类型	压强 /mTorr	温度 /℃	N$_2$ /sccm	NH$_3$ /sccm	SiH$_4$ /sccm	上功率 /W	下功率 /W	流量比	时间 /s
张应力	2000	400	200	24	12	105	100	2∶1	100
压应力	360	400	150	16	24	150	100	1∶1.5	120

注：sccm 为体积流量单位。

用 FLX-2320-S 应力测试仪对所制备的 SiN 薄膜的应力进行测量。

（1）淀积薄膜前，对未进行 SiN 薄膜淀积的 SOI 先进行晶圆初始弯曲度和曲率半径测量，结果如表 5.2 所示。

表 5.2　未淀积 SiN 样品的初始弯曲度和曲率半径

应力类型	曲率半径 R/m	弯曲度/μm
张应力	−71.925	11.11
压应力	−518.00	1.85

（2）完成 SiN 淀积后，进行第二次曲率半径和弯曲度测量。样品的曲率半径和弯曲度在薄膜应力作用下会发生改变，如表 5.3 所示。由表中高应力 SiN 薄膜淀积结果可以看到，本实验最高实现了约 1.1 GPa 的张应力和约 −2.0 GPa 的压应力 SiN 薄膜。

表 5.3　样品曲率半径和弯曲度

应力类型	曲率半径/m	弯曲度/μm	应力/MPa
张应力	−137.208	5.89	1076.2228
压应力	−68.269	11.67	−2048.9985

5.2　应变 SOI 晶圆制备实验

基于高应力 SiN 薄膜致晶圆级应变 SOI 工艺方法，本节分别进行了基于顶层 Si 非晶化再结晶与基于 SOI 晶圆柔顺滑移特性引入应变的实验，并对所制备的样品进行了系统表征。

5.2.1　非晶化再结晶的应力记忆方法实验

1. 应变 SOI 制备实验

（1）SOI 样品。实验样品为 P 型 SOI，其结构尺寸如表 5.4 所示。

表 5.4　非晶化再结晶的应力记忆方法制备应变 SOI 实验样品参数

样品编号	尺寸/inch	Si 衬底/μm	SiO$_2$/nm	顶层 Si/nm
16	6	675	500	150
6	6	675	500	450
17	4	525	375	30

（2）淀积工艺。PECVD(设备型号为 Novellus Concept One)淀积压应力 SiN 薄膜,样品选用 6、16 和 17 号,淀积工艺参数如表 5.5 所示。

表 5.5　压应力 SiN 薄膜淀积工艺参数

SiH$_4$/slm	NH$_3$/slm	N$_2$/slm	高频功率/kW	低频功率/kW	反应压强/Torr	反应时间/s	温度/℃	厚度/Å
0.3	1.8	2	0.3	0.7	2.7	45	400	9732

（3）离子注入:样品 6 注入 As 离子,注入能量 140 keV,注入剂量 1×10^{16} 个/cm^2;样品 17 注入 Ge 离子,注入能量 5 keV,注入剂量 5×10^{14} 个/cm^2。

（4）工艺步骤:制备过程中的具体工艺条件如表 5.6 所示。

表 5.6　样品 16、6 和 17 工艺条件

样品编号	6	16	17
离子注入	As	—	Ge
淀积厚度	1 μm	1 μm	50 nm
退火	RTP 1035℃ , 30 s	N$_2$ 500℃ , 2 h	N$_2$ 900℃ , 10 h

2. 应变量表征

图 5.3 所示为非晶化再结晶的应力记忆方法制备的应变 SOI 拉曼光谱测试结果,拉曼频移等列在表 5.7 中。

表 5.7　高应力 SiN 薄膜致双轴应变 SOI 样品拉曼峰值及应变量

样品编号	拉曼峰平均值	拉曼频移/cm^{-1}	应变量/%
16	520.02	−0.68	0.087
6	518.89	−1.81	0.232
17	519.27	−1.43	0.18361

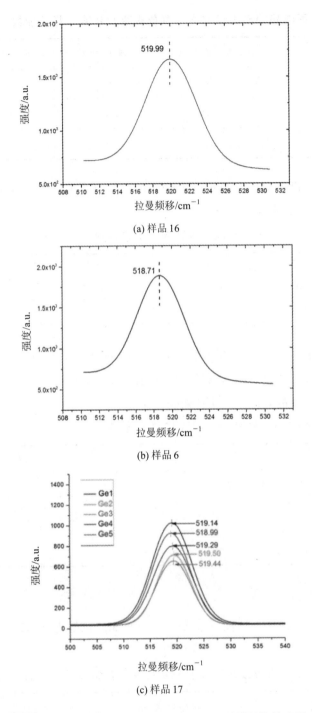

(a) 样品 16

(b) 样品 6

(c) 样品 17

图 5.3　高应力 SiN 薄膜致双轴应变 SOI 晶圆的拉曼光谱

　　根据拉曼光谱相对频移计算了 3 个样品的应变量，结果如表 5.7 所示。由表可见，离子注入非晶化的样品 6 和样品 17 较未非晶化的样品 16 获得了更高的应变量，说明本节提出的非晶化重结晶的应变引入方法是有效的。

5.2.2　基于柔顺滑移特性的应力引入机理实验

1. 应变 SOI 制备实验

（1）SOI 样品：4 英寸 SOI 晶圆样品 18，顶层 Si 厚度为 30 nm，Si 衬底厚度为 525 μm，SiO$_2$ 埋绝缘层厚度为 375 nm。

（2）淀积工艺：PECVD 淀积压应力 SiN 薄膜。

（3）离子注入：在 Si 衬底/SiO$_2$ 埋绝缘层界面处注入 He 离子，注入能量为 46 keV，注入剂量为 1×10^{16} 个/cm^2。如图 5.4 所示为采用离子注入仿真软件 TRIM 模拟得到的在此注入参数下，注入离子在 SOI 晶圆剖面上的深度-浓度分布。可以看到，He$^+$ 浓度峰值恰好位于 SiO$_2$-Si 衬底界面处。

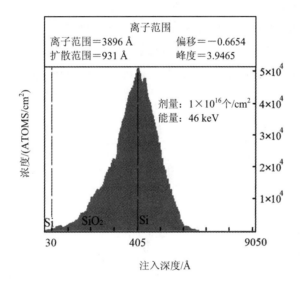

图 5.4　模型仿真获得的 He$^+$ 浓度分布

（4）工艺步骤：① 离子注入；② 淀积高应力 SiN 薄膜，淀积工艺条件如表 5.8 所示，淀积厚度为 50 nm；③ N$_2$ 气氛 900℃退火 10 h；④ 采用 HF 漂洗去除掉高应力 SiN 层。工艺流程示意图如图 5.5 所示。

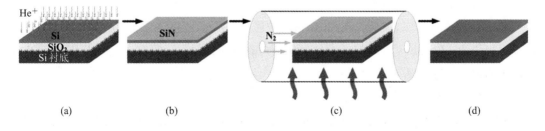

图 5.5　基于 SOI 晶圆柔顺滑移特性的应变 SOI 制备流程示意图

表 5.8 SiN 淀积工艺条件

温度/℃	压力/Pa	高频功率/W	低频功率/W	SiH₄ /slm	NH₃ /slm	N₂ /slm	时间/s
400	360	150	100	12	12	150	60

2. 材料表征

采用偏振 Raman、XRD、AFM、DIC 成像、TEM，对实验所制备的应变 SOI 晶圆样品的应变量和应变单双轴特性、表面粗糙度、表面位错密度、界面位错行为等进行表征。

（1）应变量表征。

如图 5.6 所示为基于 SOI 晶圆柔顺滑移特性的引力引入方法制备的应变 SOI 晶圆样品 18 的拉曼光谱测试结果。可以发现，进行了 SiO_2 埋绝缘层-Si 衬底界面注入的样品 18 与样品 16 相比，获得的应变量较其他样品会显著增大，说明注入导致的界面疏松化会使顶层 Si 和 SiO_2 埋绝缘层发生更大程度的柔性滑移，显著增强了顶层 Si 和 SiO_2 埋绝缘层的拉伸形变，获得更大的顶层 Si 应变量，其所获得的应变量为 0.3200%。

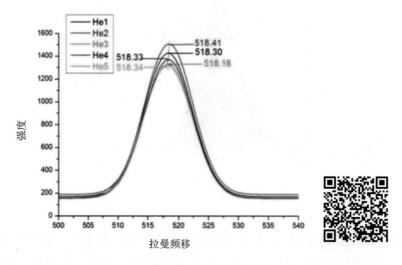

图 5.6 应变 SOI 晶圆样品 18 的拉曼光谱

（2）DIC 表面位错密度表征。

采用 DIC 成像对工艺材料表面位错密度的影响进行了考察，结果如图 5.7 所示，图像视场面积约为 $170~\mu m \times 125~\mu m$。通过对视场内腐蚀坑的计数，得到工艺后的应变 SOI 晶圆的表面位错密度为 $1.4 \times 10^4~cm^{-2}$。

（3）表面粗糙度表征。

采用 AFM 技术对高应力 SiN 致双轴应变 SOI 样品 18 工艺前、后的表面粗糙度进行表征，如图 5.8 所示，扫描采样区域面积为 $10~\mu m \times 10~\mu m$，测试结果如表 5.9 所示。

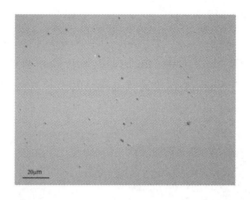

图 5.7　样品 18 的表面缺陷密度 DIC 成像图

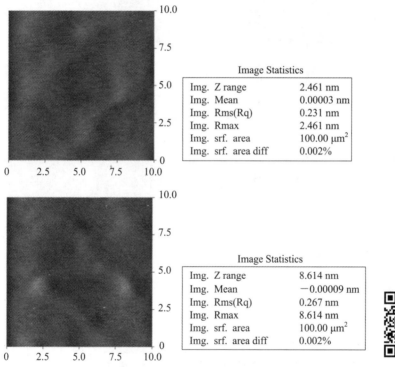

图 5.8　样品 18 工艺前、后 AFM 测试结果

表 5.9　样品 18 的表面粗糙度(RMS)

样品编号	RMS/nm	
	工艺前	工艺后
18	0.231	0.267

　　比较样品 18 工艺前、后的表面粗糙度(RMS)可以发现,经过 SiN 淀积、湿法刻蚀等工艺,工艺前、后样品 18 的 RMS 分别为 0.231 nm 和 0.267 nm,表明利用淀积高应力 SiN 薄膜制备双轴应变 SOI 对样品表面质量几乎没有影响。

（4）界面位错的 TEM 表征。

利用 TEM 成像研究了该工艺过程中可能引起的界面位错。图 5.9 所示为样品 18 横截面的 HRTEM 图像，可以看到，其 SiO$_2$ 埋绝缘层-Si 衬底界面处的（111）平面中出现了一些位错线。结合对工艺原理的分析，此位错线可能是由于 SOI 晶圆顶层 Si 受到 SiN 薄膜应力的拉伸而导致的。

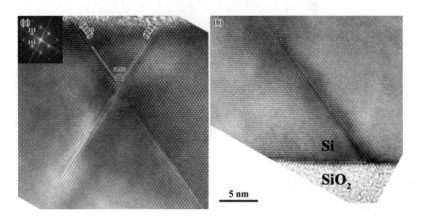

图 5.9　样品 18 横截面的 HRTEM 图像

5.3　单轴应变 SOI 晶圆制备实验

5.3.1　应变 SOI 制备实验

高应力 SiN 薄膜致单轴应变 SOI 晶圆制备实验的大致流程如图 5.10 所示。

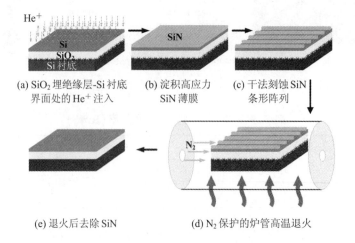

图 5.10　高应力 SiN 薄膜致单轴应变 SOI 晶圆制备实验流程示意图

（1）SOI 晶圆：采用 4 英寸（100）面 SOI 晶圆，样品 19、20 和 21 的具体结构参数如表 5.10 所示。

表 5.10　SOI 样品结构参数

样品编号	SiN 薄膜 应力类型	顶层 Si 厚度/nm	SiO_2 埋绝缘层 厚度/nm	衬底厚度 /nm	导电 类型
19	压应力	30	375	525	P
20	压应力	30	375	525	P
21	张应力	350	1000	400	N

（2）SOI 晶圆清洗：将 SOI 晶圆进行丙酮浸泡、超声波清洗；配置氨水、双氧水、去离子水比例为 1∶1∶3 的混合溶液，80℃温度下浸泡 SOI 晶圆 10 min，并用去离子水冲洗；用 HF 酸缓冲液清洗 SOI 晶圆表面氧化层。

（3）He 离子注入：样品 19、20 的注入能量为 46 keV，注入剂量为 $1×10^{16}$ 个/cm^2；样品 21 的注入能量为 300 keV，注入剂量为 $1×10^{16}$ 个/cm^2。

（4）SiN 薄膜淀积：采用 PECVD 工艺进行高应力 SiN 薄膜淀积，工艺参数如表 5.11 所示。

表 5.11　样品 19、20 和 21 的 SiN 淀积工艺参数

样品 编号	温度 /℃	压力 /mTorr	N_2 /sccm	NH_3 /sccm	SiH_4 /sccm	上功率 /W	下功率 /W	时间 /s	厚度 /Å
19	400	360	150	12	12	150	100	60	500
20	400	360	150	12	12	150	100	60	500
21	400	1350	200	12	12	75	120	200	820

（5）SiN 薄膜条形化光刻：采用 5 英寸光刻版，条形阵列宽 1.5 μm，间距 3 μm，采用正胶进行 Stepper 光刻。样品 19 的 SiN 条形长度方向为主参考边逆时针转动 45°的方向；样品 20 和样品 21 光刻线条的长度方向与晶圆主参考边平行。

（6）刻蚀：采用等离子体干法刻蚀 SiN 薄膜，反应气源为 $CF_4+C_4F_8$，刻蚀时间为 25 s，刻蚀工艺后形成的 SiN 条状阵列如图 5.11 所示。

图 5.11　高应力 SiN 薄膜条状阵列示意图

（7）去胶：刻蚀完成后，采用丙酮溶液超声波清洗去除表面光刻胶，并观察干法刻蚀 SiN 条形阵列效果。如图 5.12(a)所示，图中暗色的条纹为刻蚀后的 SiN 条状阵列，亮色部分为 SOI 顶层 Si。可以看到，干法刻蚀形成的 SiN 条形阵列宽度均匀、连贯，且表面无光刻胶残留。

（8）退火：采用炉管退火炉在 N_2 保护气氛下对样品进行退火。设置退火温度为 650℃，升温速率为 10℃/min，退火时间 10 h，放入退火炉中退火，完成后自然降温。

（9）去除 SiN 条：采用 3%HF 溶液超声、湿法腐蚀 SiN 条，取出清洗、烘干。最终制备获得的应变 SOI 样品表面光学形貌如图 5.12（b）所示。

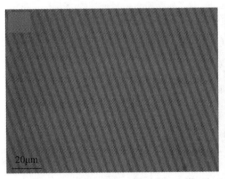
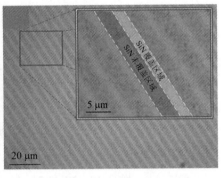

(a) 去除 SiN 前   (b) 去除 SiN 后

图 5.12 应变 SOI 样品表面光学形貌

为研究 SiN 薄膜应力对单轴应变 SOI 应变及迁移率的影响，采用 PECVD 淀积工艺，在不同样品上淀积了不同应力的 SiN 薄膜，具体工艺参数如表 5.12 所示。其中，编号 T1、T2 代表两种不同张应力 SiN 薄膜工艺，采用 Si 衬底对其工艺效果进行校正得到其应力大小分别为 500 MPa 和 700 MPa；C1、C2 代表两种不同压应力 SiN 薄膜工艺，其获得的应力大小分别为 −1.5 GPa 和 −2.0 GPa。

表 5.12 不同应力的 SiN 薄膜淀积工艺参数

工艺编号	温度/℃	压力/mTorr	N_2/sccm	NH_3/sccm	SiH_4/sccm	上功率/W	下功率/W	时间/s	厚度/Å
T1	400	1000	200	12	12	90	0	120	850
T2	400	1350	200	12	12	75	120	200	820
C1	400	360	150	16	32	150	100	150	600
C2	400	360	150	16	24	150	100	120	600

为充分反映不同应力 SiN 薄膜对 SOI 晶圆应变和迁移率增强效应的影响，对三种不同规格的 SOI 样品进行了研究，得到 9 组不同样品，包括无 SiN 应力膜淀积的初始样品，具体样品编号、工艺条件和结构参数如表 5.13 所示。除高应力 SiN 薄膜淀积工艺外，其余工艺与前述样品相同。

表 5.13　样品编号与结构参数

样品编号	SiN 淀积工艺	应变类型	导电类型	顶层 Si 厚度	SiO₂ 厚度	Si 衬底厚度
22	None	无				
23	T1	压应变	P	340 nm	3 μm	300 μm
24	T2	压应变				
25	None	无				
26	T1	压应变	P	100 nm	145 nm	300 μm
27	T2	压应变				
28	None	无				
29	C1	张应变	N	350 nm	1 μm	400 μm
30	C2	张应变				

5.3.2　材料表征

对于制备的应变 SOI 样品，通过偏振拉曼光谱、XRD 衍射图谱、HRTEM 成像和 AFM 成像技术，表征其应变量、应变单双轴特性、界面位错行为和表面粗糙度。

1. 单轴应变表征

单轴应变的表征不同于双轴应变，不仅要对应变量的变化进行考察，同时还要考察材料在不同晶向上的拉曼散射光强度的差异。偏振拉曼表征技术不仅具有普通拉曼的功能，更重要的是能够反应材料不同方向的晶体结构特征。

如图 5.13 所示为偏振拉曼配置原理示意图。偏振拉曼是在普通拉曼的入射光和散射光路径上分别加载方向平行的偏振镜，使入射和散射光偏振化。偏振镜的插入会使后散射

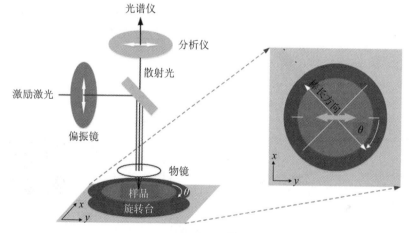

图 5.13　偏振拉曼配置原理示意图

光强度减小，为方便后续数据的比较分析，实验中设置光栅为 1800 gr/mm，曝光 200 s。

设置偏振光和样品 19 应变[100]及样品 20 应变[110]方向夹角每间隔 15° 进行 12 次测量，分别得到 0°、15°、30°、45°、60°、75°、90°、105°、120°、135°、150°、165° 的拉曼峰值强度和拉曼频移。样品 19 和 20 的工艺条件完全相同。

图 5.14 所示为样品 19 的偏振拉曼光谱测试结果，作为对单、双轴应变偏振拉曼光谱特性的对比，双轴应变 SOI 样品 18 的偏振拉曼光谱特性也在图中示出。对于前述双轴应变 SOI 样品 18，其偏振拉曼光谱强度在关于角度 θ 的极坐标中，显示出与无应变 SOI 样品相同的 90° 的周期性变化规律。此外，与无应变 SOI 相比，其拉曼峰强度在所有角度上都得到了增强。且由于晶体对称性由立方结构转变为四方结构，在其 [100]、[$\bar{1}$11]、[010] 和 [0$\bar{1}$0] 晶向方式的偏振拉曼强度上引入了非零分量，这一结果与 Kurosawa 等人的研究结果非常吻合。

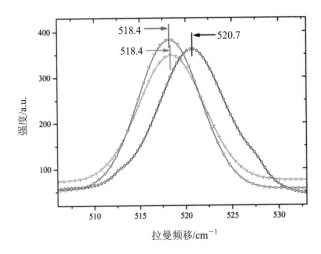

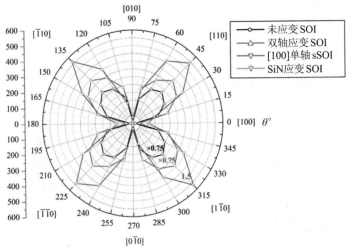

图 5.14　样品 19 的偏振拉曼光谱

根据他们的研究，通过实验和理论计算证实了双轴应变 Si 和非应变 Si 的偏振拉曼光谱强度关于入射角度具有 90°周期性，满足以下关系式：

$$I_{biaxial} = A_1 I_{cubic} + A_2 I_{tetragonal}$$
$$= A_1 b_1^2 \sin^2 2\theta_1 + A_2 b_2^2 \tag{5-3}$$

与此同时，单轴应变 Si 的偏振拉曼光谱强度满足以下关系式：

$$I_{uniaxial,[100]} = A_3 I_{cubic} + A_4 I_{orthorhombic}$$
$$= A_3 b_3^2 \sin^2 2\theta_1 + A_4 (b_4 \cos^2(\theta_1) + b_5 \sin^2(\theta_1))^2 \tag{5-4}$$

即其偏振拉曼光谱强度关于角度 θ 具有 180°周期性，以上公式中，$I_{biaxial}$ 和 $I_{uniaxial,[100]}$ 分别表示双轴应变样品偏振拉曼光谱强度和[100]方向单轴应变样品偏振拉曼光谱强度，θ_1 为偏振光与[100]晶向的夹角，$A_i(i=1\sim6)$ 和 $b_i(i=1\sim8)$ 分别代表与散射概率和拟合参数有关的非零常数。

如图 5.14 所示的单轴应变样品 19 的不同方向偏振拉曼光谱强度，其沿[100]/[$\bar{1}$00] 方向上的强度大小要明显大于[010]/[0$\bar{1}$0] 方向，因而体现出关于角度 θ 具有 180°周期性特征。此结果同样可以用式(5-4)得到很好的解释。由于单轴应变的作用，使 Si 的晶体结构由立方向正交结构转变，因为在相应的方向上引入了反映正交晶体结构特征的拉曼光谱分量。对于 Si 的(100)晶面，单轴应力 $\sigma_{uniaxial}$、单轴应变 $\varepsilon_{uniaxial}$ 和拉曼频移 $\Delta\omega$ 之间满足以下关系式：

$$\sigma_{uniaxial}(\text{MPa}) = -434 \times \Delta\omega(\text{cm}^{-1}),\ \sigma_{uniaxial} = \varepsilon_{uniaxial} \cdot E_{Si} \tag{5-5}$$

其中，E_{Si} 为 Si 的杨氏模量，其在 Si 的[100]和[110]晶向上分别为 1.31×10^{11} Pa 和 1.69×10^{11} Pa，因此可知 Si 在[100]和[110]晶向上的应变可以表示为

$$\varepsilon_{uniaxial,[100]}(\%) = -0.331 \times \Delta\omega(\text{cm}^{-1})$$
$$\varepsilon_{uniaxial,[110]}(\%) = -0.259 \times \Delta\omega(\text{cm}^{-1}) \tag{5-6}$$

由图 5.14 可知，所制备的单轴应变 SOI 样品 19 的拉曼峰位于 518.4 cm^{-1} 处，获得拉曼频移 $\Delta\omega$ 为 $-2.3\ \text{cm}^{-1}$，所以样品 19 获得了 0.7613% 的沿[100]方向的单轴应变。

对于样品 20，其偏振拉曼光谱测试结果如图 5.15 所示。其沿[110]/[$\bar{1}\bar{1}$0] 方向上的强度大小要明显大于[$\bar{1}$10]/[1$\bar{1}$0] 方向，因而体现出关于角度 θ 具有 180°周期性特征，并且在 [010]、[0$\bar{1}$0]、[$\bar{1}$00]和[100]方向引入了非零分量。这些在不同方向上偏振拉曼光谱强度的变化同样是由晶体结构由立方向正交结构的转变引起的。结合应变方向的变化，[110]方向上 Si 的偏振拉曼光谱强度可以表示为

$$I_{uniaxial,[110]} = A_5 I_{cubic} + A_6 I_{orthorhombic}$$
$$= A_5 b_6^2 \sin^2\left(2\theta_2 - \frac{\pi}{2}\right) + A_6\left[b_7\cos^2\left(\theta_2 - \frac{\pi}{4}\right) + b_8\sin^2\left(\theta_2 - \frac{\pi}{4}\right)\right]^2 \tag{5-7}$$

其中，θ_2 为偏振光与[110]晶向的夹角，因此制备的单轴应变 SOI 样品 20 获得了 0.6475%

的沿[110]方向的单轴应变。

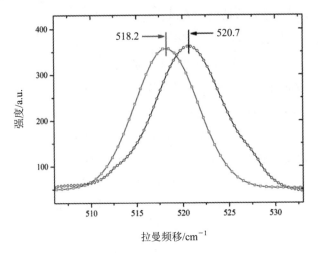

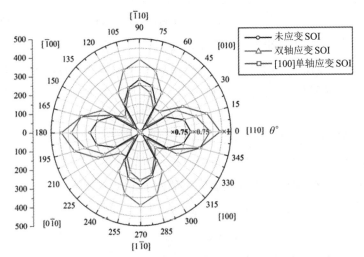

图 5.15　样品 20 的偏振拉曼光谱

为进一步研究不同 SiN 应力对 SOI 应变量和载流子迁移率增强效应的影响，实验设置三组不同样品，分别采用不同淀积工艺淀积高应力 SiN 薄膜，而后对其应变进行拉曼光谱表征，结果如图 5.16 所示。

图 5.16(a)中，样品 22 为未应变样品，样品 23 和样品 24 分别在张应力为 500 MPa 和 700 MPa 的 SiN 条形阵列应力作用下进行退火。三者顶层 Si、埋绝缘层和 Si 衬底厚度均为 340 nm、3 μm 和 300 μm。可以看到，样品 23 和 24 的特征峰相对于未应变样品，峰值向波数减小方向位移，拉曼频移为 0.6 cm^{-1} 和 1.1 cm^{-1}，对应的压应变量为 -0.1554% 和 -0.2849%。同样，图 5.16(b)中，样品 26 和 27 为顶层 Si 厚度 100 nm、埋绝缘层厚度 145 nm、Si 衬底厚度 300 μm 的样品在不同 SiN 条形阵列应力条件下的拉曼光谱，其拉曼频移分别为 0.8 cm^{-1} 和 1.1 cm^{-1}，获得张应变量分别为 -0.2072% 和 -0.2849%。

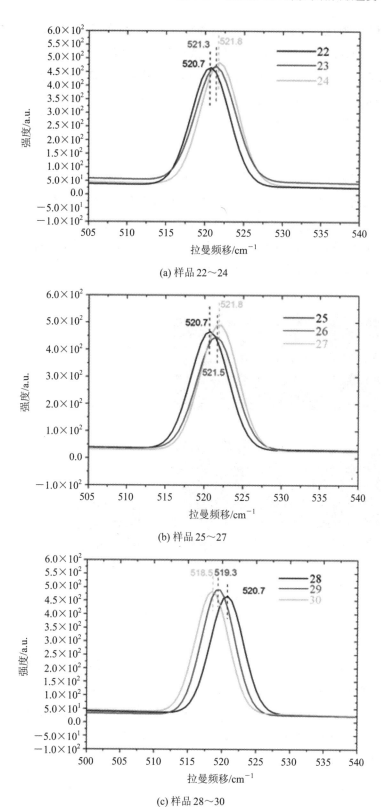

(a) 样品 22～24

(b) 样品 25～27

(c) 样品 28～30

图 5.16　不同 SiN 应力应变 SOI 样品拉曼光谱

图 5.16(c)中，顶层 Si 厚度 350 nm、埋绝缘层厚度 1 mm、衬底厚度 400 mm 的样品 29、30，在压应力为 -1.5 GPa 和 -2.0 GPa 的 SiN 条形阵列应力的作用下进行工艺处理获得拉曼光谱。可以看到，在 -1.5 GPa 和 -2.0 GPa 压应力作用下，特征峰向波数减小方向位移，发生张应变。样品 29 和样品 30 的拉曼频移分别为 -1.4 cm^{-1} 和 -2.2 cm^{-1}，即获得的张应变量分别为 0.3626% 和 0.5698%。

2. TEM 成像

利用 TEM 成像对工艺制备的应变 SOI 样品 19 的顶层 Si 结晶质量以及 SiO$_2$-Si 衬底界面质量进行了表征，如图 5.17 所示。经过工艺处理的 SOI 晶圆顶层 Si 具有完美的晶体结构，并没有因为离子注入、应力施加以及高温退火而使结晶质量退化。图 5.17(b)为图 5.17(a)中红框区域的 HRTEM 图像，可以看到，虽经过 SiO$_2$-Si 衬底界面离子注入，但是由于后续退火工艺的实施，此界面处并未出现显著的缺陷。

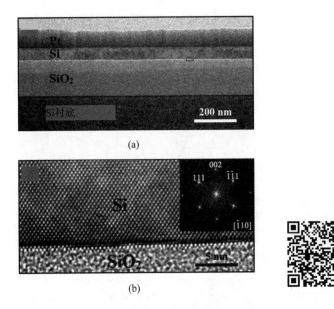

图 5.17　样品 19 横截面的 TEM 图像

3. X 射线衍射

图 5.18 是样品 19 的 XRD 衍射图谱，θ_1、θ_2 分别对应样品的硅衬底和顶层 Si，X 射线波长 1.5406 Å，计算得到晶格常数 $a_{\text{unstrained-soi}} = b_{\text{unstrained-soi}} = c_{\text{unstrained-soi}} = 5.421$ Å，$a_{\text{strained-soi}} = b_{\text{strained-soi}} = 5.450$ Å，$c_{\text{strained-soi}} = 5.401$ Å。因此，与未应变的 Si 晶格常数相比，由 XRD 计算获得的单轴应变 SOI 样品 19 的晶格常数 $a_{\text{strained-soi}}$ 和 $b_{\text{strained-soi}}$ 增大了 0.53%。这一结果与拉曼光谱测试获得的应变量大致相当。

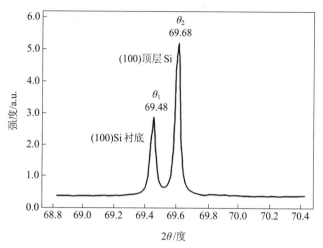

图 5.18　样品 19 的 XRD 衍射图谱

4. 载流子迁移率的霍尔效应表征

下面采用 Ecopia HMS3000 霍尔效应测试仪，在室温 300 K、磁场强度 0.56T、电流大小 10 nA 的条件下，对 P 型单轴张应变 SOI 样品 19 和 N 型单轴张应变 SOI 样品 21 进行迁移率的霍尔测试，如图 5.19 和图 5.20 所示。

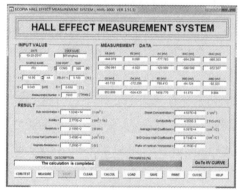

(a) 工艺前

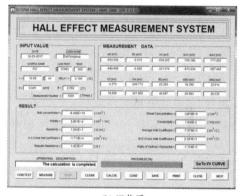

(b) 工艺后

图 5.19　样品 19 霍尔迁移率测试界面

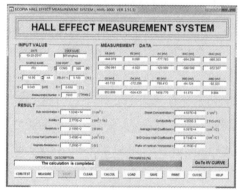

(a) 工艺前

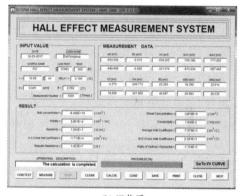

(b) 工艺后

图 5.20　样品 21 霍尔迁移率测试界面

　　样品 21 的结构参数为 N 型顶层 Si 厚度 350 nm、氧化层厚度 1 μm、衬底厚度 400 μm，在其上淀积 1.5 GPa 张应力 SiN 薄膜，而后采用与样品 19 相同的工艺制备获得，其拉曼峰值位于 518.4 cm^{-1} 处，存在 -2.3 cm^{-1} 的波数偏移，相应的单轴张应变量为 0.5957%。霍尔迁移率测试所得结果如表 5.14 所示。可以看到，尽管 P 型样品 19 的初始空穴迁移率为 277.7cm^2/(V・S)，与 N 型样品 21 的初始电子迁移率 426.0cm^2/(V・S)相比明显偏小，但在单轴应变量 0.6475% 下，其空穴迁移率达到 585.1cm^2/(V・S)，迁移率增强 110.69%；N 型样品 21 在单轴应变量 0.5957% 下，获得电子迁移率为 757.7 cm^2/(V・S)，迁移率增强 77.86%。

表 5.14　样品 19 和样品 21 霍尔迁移率测试结果

样品编号	应变量	迁移率 cm^2/(V・S)	初始迁移率 cm^2/(V・S)	迁移率增强
19	0.6475%	585.1 cm^2	277.7 cm^2	110.69%
21	0.5957%	757.7 cm^2	426.0 cm^2/(V・S)	77.86%

　　实验结果表明，此高应力 SiN 致单轴应变工艺可以显著提升 SOI 顶层 Si 的载流子迁移率；且在获得相近应变量的情况下，P 型材料的空穴迁移率增强效应更为显著。

　　对于采用不同淀积工艺，在其上获得不同应力大小 SiN 薄膜的样品 22～30，其迁移率测试结果如表 5.15 所示。样品编号中，T1、T2 表示所采用的 SiN 淀积工艺所获得的应力大小分别为 500 MPa 和 700 MPa，C1、C2 表示所采用的 SiN 应力膜应力大小分别为 -1.5 GPa 和 -2.0 GPa。

　　表 5.15 中的测试结果表明，由样品 22 测得的初始迁移率为 152 cm^2/(V・S)，利用应力大小为 500 MPa 和 700 MPa 的 SiN 条形阵列，样品 23 和样品 24 获得的压应变量分别为 -0.1554% 和 -0.2849%，应变后迁移率分别为 216 cm^2/(V・S) 和 229 cm^2/(V・S)，与初始迁移率相比，两种应变量下空穴的迁移率分别增强 42.1% 和 50.7%。样品 26 和样品 27 利用应力大小 500 MPa 和 700 MPa 的张应力 SiN 分别获得 -0.2072% 和 -0.2849% 的压应变量，测得的空穴迁移率由初始样品 25 的 425 cm^2/(V・S)，分别提升到 625 cm^2/(V・S) 和 640 cm^2/(V・S)，增强率分别达到 47.1% 和 50.6%。

表 5.15　SiN 致单轴应变 SOI 样品的霍尔迁移率测试结果

样品编号	应变量	导电类型	迁移率 cm^2/(V・S)	初始迁移率 cm^2/(V・S)	迁移率增强
23	-0.1554%	P	216 cm^2	152 cm^2	42.1%
24	-0.2849%	P	229 cm^2	152 cm^2	50.7%
26	-0.2072%	P	625 cm^2	425 cm^2	47.1%
27	-0.2849%	P	640 cm^2	425 cm^2	50.6%
29	0.3626%	N	384 cm^2	284 cm^2	35.2%
30	0.5698%	N	530 cm^2	284 cm^2	86.6%

对于 N 型样品 28～30，测得样品 28 的初始迁移率为 $284\text{cm}^2/(\text{V}\cdot\text{S})$，在其上分别采用压应力 SiN 薄膜淀积工艺，C1、C2 获得 -1.5 GPa 和 -2.0 GPa 的 SiN 条形阵列，再进行后续退火工艺，样品 29 和 30 分别获得了 0.3626% 和 0.5698% 的张应变，$384\ \text{cm}^2/(\text{V}\cdot\text{S})$ 和 $530\ \text{cm}^2/(\text{V}\cdot\text{S})$ 的电子迁移率，电子迁移率增强 35.2% 和 86.6%。

由以上结果可以看出，采用更大应力的 SiN 薄膜可以获得更大应变量的应变 SOI 样品，实现更强的迁移率增强效应；张、压力膜分别可以实现压应变和张应变 SOI，且在张应力膜获得较小压应变的情况下，表现出相对较强的空穴迁移率增强效应。

5. AFM 表面粗糙度表征

采用 AFM 成像，对高应力 SiN 致单轴应变 SOI 样品 19 工艺前后的表面粗糙度进行了表征，其结果如图 5.21 所示。可以看到，由于 SiN 应力薄膜条形化过程中等离子体干法刻蚀工艺对 SOI 顶层 Si 的过刻蚀，在顶层 Si 表面形成一系列高度差约为 4.5 nm 的台阶，使样品表面的 RMS 由 0.519 nm 增大到 1.934 nm，造成表面粗糙度增大。但是，这一表面粗糙度的恶化是由过刻蚀引起的，可以通过进一步优化等离子体刻蚀速率和刻蚀时间加以改善。

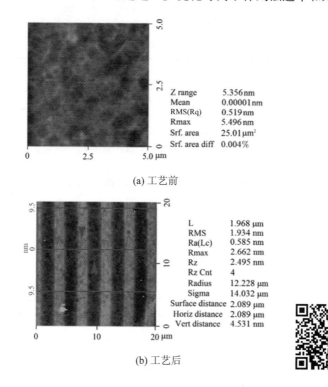

图 5.21　样品 19 的 AFM 成像结果

6. SOI 晶圆弯曲度测试

对采用高应力 SiN 薄膜致单轴应变工艺的样品也进行了工艺过程中的弯曲半径测试，表 5.16 为弯曲半径测试结果。可以看到，样品 19 在工艺前和工艺后，其弯曲半径分别为

−60.98 m 和−61.97 m，表明其弯曲度几乎没有变化，均为−0.016。而工艺过程中由于高应力 SiN 薄膜的作用，会产生一定的弯曲形变，在去除 SiN 薄膜后又几乎恢复到初始状态。对于不同 SiN 应力对 SOI 应变量影响的样品 22～30 的弯曲度测试也显示，和初始状态相比，工艺后的晶圆弯曲半径也几乎没有变化，其弯曲度绝对值均小于 0.016，说明此工艺和机械致单轴应变工艺相比，更不易对 SOI 样品的弯曲度产生不良影响。

表 5.16   高应力 SiN 致单轴应变 SOI 弯曲度测试结果

样品编号	SiN 张/压应力	张/压应变	弯曲半径/m				弯曲度/m^{-1}	
			工艺前 R_0	淀积后	退火后	工艺后 R	工艺前 k_0	工艺后 k
19	压	张	−60.98	−18.93	−29.10	−61.97	−0.016	−0.016
23	张	压	−80.32	−880.86	−791.97	−78.75	−0.012	−0.013
24	张	压	−82.76	−523.02	−516.52	−85.90	−0.012	−0.012
26	张	压	−93.03	−764.37	−728.19	−94.34	−0.011	−0.011
27	张	压	−97.73	−483.35	−479.07	−96.42	−0.010	−0.010
29	压	张	−71.07	−42.19	−43.43	−72.05	−0.014	−0.014
30	压	张	−70.31	−33.28	−35.64	−73.52	−0.014	−0.014

本 章 小 结

本章采用第 4 章所提出的高应力 SiN 致应变 SOI 工艺技术，进行了应变 SOI 晶圆实验研究。首先，对用于应力引入的高应力 SiN 薄膜淀积工艺进行研究，成功制备了应力达 1076.2 MPa（张应力）和−2049.0 MPa（压应力）的 SiN 薄膜，为后续 SOI 晶圆应变引入提供了工艺基础。然后利用两种不同的应变引入机理，分别进行了顶层 Si 非晶化再结晶制备晶圆级双轴应变 SOI 的实验，以及基于 SOI 的柔顺滑移特性，采用 He$^+$ 注入制备晶圆级双轴应变 SOI 的实验。对于顶层 Si 非晶化再结晶的晶圆级双轴应变 SOI 制备实验，通过 As 和 Ge 离子注入非晶化顶层 Si，再利用 PECVD 在 SOI 上淀积获得−2.0 GPa 的高应力 SiN 薄膜，而后分别进行 1035℃、30 s 的快速热退火和 900℃、10 h 的 N$_2$ 保护的炉管退火，分别在顶层 Si 中获得了 0.232％和 0.18361％的双轴晶圆级应变；对于采用 He$^+$ 注入的晶圆级双轴应变 SOI 制备实验，对 SOI 晶圆 SiO$_2$-Si 衬底界面进行浓度为 1×10^{16} 个/cm^2 的 He$^+$ 注入，利用淀积在 SOI 上的−1.0 GPa SiN 薄膜，通过炉退火工艺，在顶层 Si 中成功引入了 0.3200％的张应变量。而与采用相同工艺但未进行非晶化的样品比较，顶层 Si 非晶化再结晶与 SiO$_2$-Si 衬底界面 He$^+$ 注入，都能够大幅提升引入顶层 Si 的应变量。

在采用 He$^+$ 注入成功制备晶圆级双轴应变 SOI 实验的基础上，采用同样的 He$^+$ 注入工艺，利用 PECVD 技术在顶层 Si 上分别淀积 -1.0 GPa 的压应力与 700 MPa 的张应力 SiN 薄膜，再通过等离子体干法刻蚀使 SiN 形成宽 1.5 mm、间距 3.0 mm 的条形阵列，最后通过炉退火工艺成功地在顶层 Si 中引入了 0.6475% 张应变和 -0.5957% 的压应变，并通过偏振拉曼光谱表征了引入应变的单轴特性；XRD 衍射图谱的表征结果与 Raman 光谱测试结果较为相符；通过对样品截面的 HRTEM 成像，可以使样品的顶层 Si 以及 SiO$_2$-Si 衬底界面具有良好的结晶与界面质量；AFM 成像表面由于 SiN 条形阵列形成过程中等离子体的过刻蚀，使 SOI 顶层 Si 的表面粗糙度增大；对晶圆工艺过程中的弯曲度测试结果表明，表面工艺前、后其弯曲度不会发生显著变化。

第 6 章

晶圆级应变 SOI 应变模型

本章基于材料的弹性力学理论，以及对机械致和高应力 SiN 薄膜致晶圆级单轴应变 SOI 应变机理的研究分析，对两种晶圆级单轴应变 SOI 的实现方法建立相应的应变模型，包括机械致工艺中晶圆弯曲半径、晶圆结构等参数与应变 SOI 应变量的关系，以及高应力 SiN 薄膜致工艺中 SiN 薄膜结构、应力特性、SOI 各层厚度等参数与应变量的关系。

6.1　机械致单轴应变 SOI 晶圆应变模型

根据应变机理和应力保持机理，机械致单轴应变 SOI 的应变是由顶层 Si 弯曲引入的，而应力保持是源于塑性形变的 SiO_2 埋绝缘层对顶层 Si 的拉持作用，因此，应变 SOI 的应变模型就是 SOI 晶圆顶层 Si 的应变模型。

6.1.1　模型结构与参数设定

1. SOI 晶圆弯曲结构的弧长模型

设未应变和弯曲应变 SOI 晶圆顶层 Si 的晶格常数分别为 a_0 和 a_1。根据机械弯曲状态下 SOI 晶圆的几何结构，可认为 a_1 就等于 a_0 的弧长，如图 6.1 所示。图中，红色弧线为顶层应变 Si 层对应的弧线。

2. 中性面长度的弦长恒定近似假设

根据梁弯曲理论，机械弯曲的 SOI 晶圆的应变特性可由中性面模型描述，如图 6.2 所示。由于 SOI 晶圆顶层 Si 和 SiO_2 埋绝缘层厚度与 Si 衬底厚度相比可忽略，所以可设定 SOI 的中性面位于晶圆厚度的 1/2 处。

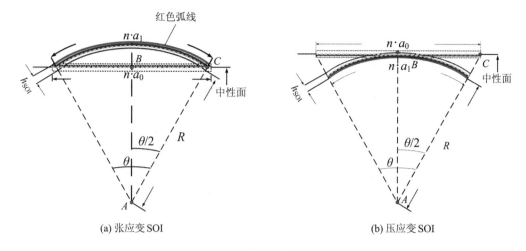

(a) 张应变 SOI   (b) 压应变 SOI

图 6.1 机械弯曲 SOI 晶圆的弧长模型结构

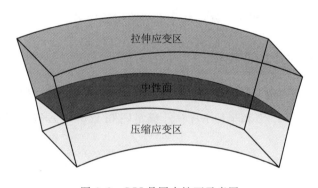

图 6.2 SOI 晶圆中性面示意图

由于图 6.1 中的模型设定中性面对应的弦长为恒定值 a_0，因此在模型结构图中，晶圆弯曲状态下顶层 Si 的弧长 a_1 所对应的弦长略小于晶圆未弯曲时的中性面长度 a_0。为了便于计算，本模型将弧长 a_1 对应的弦长近似等于未弯曲时的中性面长度 a_0。

3. SiO$_2$ 埋绝缘层的柔顺滑移与塑性形变

根据本书的应变机理，假设：① SiO$_2$ 埋绝缘层在弯曲退火时发生塑性形变；② SiO$_2$ 埋绝缘层在 SOI 晶圆卸力恢复原状时能产生柔顺滑移，顶层 Si 的应变得以保持，最终在恢复平整的 SOI 晶圆顶层 Si 中引入应变。

6.1.2 张应变 SOI 应变模型

基于上述模型结构和相关设定，可得到弯曲状态下顶层 Si 的弧长 a_1 在半径为 $R + h_{SOI}$ 的圆上所对应的角度 θ，$a_0/2$ 和半径 $R + h_{SOI}$ 满足图 6.1(a) 中 $\triangle ABC$ 的正弦定理，即

$$\frac{\theta}{2} = \arcsin \frac{\dfrac{a_0}{2}}{R + h_{SOI}} \tag{6-1}$$

或

$$\theta = 2\arcsin \frac{\dfrac{a_0}{2}}{R + h_{\mathrm{SOI}}} \tag{6-2}$$

其中，a_0 为中性面对应的长度，R 为弯曲台半径，h_{SOI} 为 SOI 晶圆的总厚度。根据弧长定理可得到顶层 Si 弧长 a_1 的表达式为

$$a_1 = \frac{\theta}{360} \cdot 2\pi(R + h_{\mathrm{SOI}}) \tag{6-3}$$

根据晶圆弧长模型，得到机械致单轴张应变 SOI 应变模型，应变量表示如式(6-4)所示：

$$\varepsilon = \frac{a_1 - a_0}{a_0} = \frac{\arcsin \dfrac{a_0}{2(R + h_{\mathrm{SOI}})} \cdot \pi(R + h_{\mathrm{SOI}}) - 90a_0}{90a_0} \tag{6-4}$$

根据胡克定律 $\sigma = \varepsilon E$ 和应变模型，就可计算得到相应的应力。

6.1.3 压应变 SOI 应变模型

对于机械致单轴压应变 SOI 顶层 Si 应变模型，模型设定与张应变模型相同，模型结构图如图 6.1(b)所示，则 $a_0/2$ 和半径 $R + h_{\mathrm{SOI}}$ 满足图 6.1(b)中 $\triangle ABC$ 的正切定理，即

$$\theta = 2\arctan \frac{\dfrac{a_0}{2}}{R + \dfrac{h_{\mathrm{SOI}}}{2}} \tag{6-5}$$

得到弧长 a_1 表达式为

$$a_1 = \frac{\theta}{360} \cdot 2\pi R \tag{6-6}$$

所以机械弯曲致单轴压应变 SOI 顶层 Si 的应变量 ε 可表示为

$$\varepsilon = \frac{a_1 - a_0}{a_0} = \frac{\arctan \dfrac{a_0}{2R + h_{\mathrm{SOI}}} \cdot \pi R - 90a_0}{90a_0} \tag{6-7}$$

综上所述，得到机械致晶圆级单轴应变 SOI 应变模型为

$$\begin{cases} \varepsilon_T = \dfrac{\arcsin \dfrac{a_0}{2(R + h_{\mathrm{SOI}})} \cdot \pi(R + h_{\mathrm{SOI}}) - 90a_0}{90a_0} \\[4ex] \varepsilon_C = \dfrac{\arctan \dfrac{a_0}{2R + h_{\mathrm{SOI}}} \cdot \pi R - 90a_0}{90a_0} \end{cases} \tag{6-8}$$

式中，ε_T 和 ε_C 分别代表张应变和压应变。根据胡克定律 $\sigma = \varepsilon E$ 和应变模型，就可计算得到相应的应力。

6.1.4　模型验证

采用机械致单轴应变 SOI 样品 8 和样品 9 的材料及工艺参数，对所建立的应变模型与实验进行了对比验证。实验的工艺参数及应变量计算结果如表 6.1 所示，可以看到，应变的拉曼测试结果与应变模型计算结果一致。

表 6.1　机械致单轴应变 SOI 应变测试与计算结果对比

样品编号	应变类型	晶圆尺寸/mm	弯曲半径/m	衬底厚度/μm	应变量/%	
					拉曼测试	模型计算
8	压应变	100	0.75	525	-0.168	-0.184
9	张应变	100	0.75	550	0.078	0.074

6.2　高应力 SiN 致应变 SOI 晶圆应力模型

基于晶圆级高应力 SiN 致应变 SOI 的应变机理、SiN 薄膜和 SOI 晶圆的材料特性、应变 SOI 的 ANSYS 有限元仿真以及材料力学理论，对高应力 SiN 薄膜致 SOI 晶圆应变的现象建立物理模型，分析各个参数与 SOI 晶圆顶层 Si 应变量之间的关系。用应变模型对应变机制进行描述，其中应变模型包括两部分：弯曲应变和层间拉伸应变，可以表示为 $\varepsilon = \varepsilon_B + \varepsilon_L$，式中 ε_B、ε_L 分别为弯曲应变量和拉伸/压缩应变量。本节先对建立的物理模型进行计算验证，然后与实验测量结果进行对比，计算误差，再对模型进行优化。

6.2.1　应变 SOI 晶圆弯曲应变模型

基于梁弯曲理论，根据实验测得工艺前、后 SOI 晶圆的弯曲半径，再结合 SOI 晶圆本身的参数，建立弯曲应变模型，以描述高应力 SiN 薄膜致 SOI 晶圆发生应变弯曲的现象。

1. 弯曲应变模型建立的前提和假设

晶圆弯曲产生的应变是由淀积的高应力薄膜引起的应变之一，晶圆存在曲率半径 R 表明晶圆发生弯曲，所以半径 R 是弯曲应变模型中的一个关键参数。由于内部微观力复杂以及相互作用的量化较为困难，所以从宏观角度来表征弯曲应变，即通过顶层 Si 对应的曲率弧长变化来表征顶层 Si 沿半径方向 n 个晶格长度的变化。

根据梁弯曲理论，在弯矩作用下，矩形梁横截面上的正应力沿横截面高度线性变化，正应力的作用方向垂直于横截面，一部分使横截面受压，一部分使横截面受拉，如图 6.3 所示，故可以假设在 SOI 晶圆中存在一个中性面。由于与 Si 衬底相比，SiO$_2$ 埋绝缘层和顶层 Si 的厚度可以忽略不计，因此 SOI 的中性面被认为位于晶圆厚度的 1/2 处，如图 6.4 所示,其长度在弯曲状态下可以始终保持恒定,而在上、下两部分会出现弯曲拉伸或弯曲压缩的应变区域,从而可以用中性面模型来描述晶圆的弯曲应变。

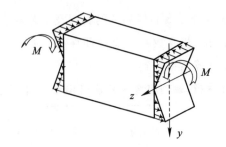

图 6.3　梁弯曲截面受力情况

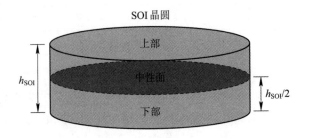

图 6.4　SOI 晶圆中性面模型

2. 弯曲应变模型的建立

依照中性面的假设,可以定义一个常数 $n \cdot a_0$(n 为非零整数,a_0 为未应变状态下 Si 的晶格常数)来表示中性面的半径,即发生应变后中性面区域对应的弧长。用应变后测量的弯曲半径 R 就可得出顶层 Si 对应的弧长 $n \cdot a_1$,与中性面对应的 $n \cdot a_0$ 相比的变化量即为弯曲应变量。

(1) 弯曲(张)应变模型建立。

根据中性面假设和 SOI 晶圆的结构,建立弯曲(张)应变模型结构,如图 6.5 所示,h_{SOI} 是 SOI 晶圆的总厚度,应变 SOI 晶圆横截面的弧长可以用 $n \cdot a_1$(a_1 是张应变硅的晶格常数)表示。在弯曲状态下,h_{SOI}、$n \cdot a_1$、$n \cdot a_0$、R 和 θ 的关系可以表示为

$$\frac{n \cdot a_1}{2\pi(R + h_{SOI})} = \frac{n \cdot a_0}{2\pi\left(R + \dfrac{h_{SOI}}{2}\right)} = \frac{\theta}{360°} \quad (6-9)$$

其中,R 可以通过弯曲半径测试仪进行测量。此外,可以得到顶层应变 Si 的弧长 $n \cdot a_1$,表示如下:

$$n \cdot a_1 = 2\pi(R + h_{SOI}) \frac{n \cdot a_0}{2\pi\left(R + \dfrac{h_{SOI}}{2}\right)} \quad (6-10)$$

因此,对于如图 6.5 所示的模型结构,源自晶圆弯曲的张应变可以表示为

$$\varepsilon_{B,T} = \frac{a_1 - a_0}{a_0} = \frac{R + h_{SOI}}{R + \dfrac{h_{SOI}}{2}} - 1 = \frac{h_{SOI}}{2R + h_{SOI}} \tag{6-11}$$

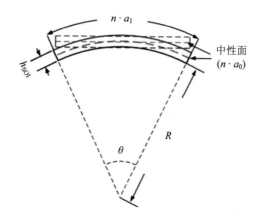

图 6.5　弯曲(张)应变模型

（2）弯曲(压)应变模型建立。

根据中性面假设和 SOI 晶圆的结构，建立弯曲(压)应变模型结构如图 6.6 所示，h_{SOI} 是 SOI 晶圆的总厚度，应变 SOI 晶圆横截面的弧长可以用 $n \cdot a_1$（a_1 是压应变硅的晶格常数）表示。在弯曲状态下，h_{SOI}、$n \cdot a_1$、$n \cdot a_0$、R 和 θ 的关系可以表示为

$$\frac{n \cdot a_1}{2\pi R} = \frac{n \cdot a_0}{2\pi \left(R + \dfrac{h_{SOI}}{2}\right)} = \frac{\theta}{360°} \tag{6-12}$$

其中，R 可以通过弯曲半径测试仪进行测量。此外，可以得到顶层应变 Si 的弧长 $n \cdot a_1$，表示如下：

$$n \cdot a_1 = 2\pi R \frac{n \cdot a_0}{2\pi \left(R + \dfrac{h_{SOI}}{2}\right)} \tag{6-13}$$

因此，对于如图 6.6 所示的模型结构，源自晶圆弯曲的压应变可以表示为

$$\varepsilon_{B,C} = \frac{a_1 - a_0}{a_0} = \frac{R}{R + \dfrac{h_{SOI}}{2}} - 1 = -\frac{h_{SOI}}{2R + h_{SOI}} \tag{6-14}$$

根据式(6-11)和式(6-14)，得到高应力 SiN 致应变 SOI 晶圆弯曲应变模型为

$$\varepsilon_{B,T} = \frac{a_1 - a_0}{a_0} = \frac{R + h_{SOI}}{R + \dfrac{h_{SOI}}{2}} - 1 = \frac{h_{SOI}}{2R + h_{SOI}}$$

$$\varepsilon_{B,C} = \frac{a_1 - a_0}{a_0} = \frac{R}{R + \dfrac{h_{SOI}}{2}} - 1 = -\frac{h_{SOI}}{2R + h_{SOI}} \tag{6-15}$$

式中，$\varepsilon_{B,T}$、$\varepsilon_{B,C}$ 分别代表弯曲张应变和弯曲压应变，再结合胡克定律 $\sigma = \varepsilon E$，就可计算

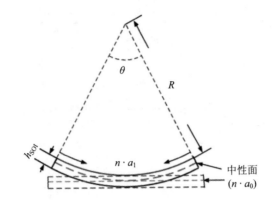

图 6.6 弯曲(压)应变模型图

SOI 晶圆顶层 Si 的应力。

3. 弯曲应变模型计算与验证

试验样品选取两个 6 英寸的 SOI 晶圆,样品的顶层 Si、SiO_2 埋绝缘层和 Si 衬底的厚度分别为 450 nm、500 nm 和 675 μm,分别淀积应力值为 -1 GPa 和 0.7 GPa 的 SiN 薄膜,测量的 SOI 晶圆曲率半径 R 如表 6.2 所示。

表 6.2 两个 6 英寸 SOI 晶圆曲率半径 R

样品编号	SiN 应力值/GPa	曲率半径 R/m
1	-1	1.976
2	0.7	-2.869

把两个样品的参数值和曲率半径代入式(6-15),计算得到弯曲张应变和弯曲压应变分别为 0.017% 和 0.011%。与已有文献弯曲应变量计算值相比,本模型的弯曲张应变计算值降低了,适当提高了弯曲模型的计算准确度。

6.2.2 应变 SOI 晶圆平面拉伸/压缩应变模型

基于材料力学特性和柔顺滑移特性,在 SiN 薄膜致应变 SOI 晶圆的结构中,顶层 Si 上淀积的 SiN 薄膜应力向 SOI 晶圆各层传递,SiN 薄膜施加的力为 F_1,顶层 Si 受到的力为 F_2,SiO_2 埋绝缘层受到的力为 F_3,Si 衬底受到的力为 F_4。下面建立合适的物理模型来描述层之间力的传递以及各层形变之间的关系。

1. 拉伸/压缩应变模型的建立

(1) 已有的拉伸/压缩图中应变模型。

将 He 离子注入 SiO_2 埋绝缘层和 Si 衬底之间,假设发生理想的相对滑移,忽略 Si 衬底对 SiO_2 埋绝缘层和顶层 Si 的影响,依照应变工艺,建立如图 6.7 所示的拉伸/压缩应变模型,面 ABCD 为 SiN 薄膜和 SOI 晶圆的接触面,图 6.7 中各参数满足如下关系:

$$F_1 \cdot \Delta L_1 = F_2 \cdot \Delta L_2 + F_3 \cdot \Delta L_3 \text{ 或 } W_1 = W_2 + W_3 \qquad (6-16)$$

其中，W_i 和 $\Delta L_i (i = 1, 2, 3)$ 是相应的弹性势能和相应层在受力方向上的位移，再有式 (6-17) 的关系：

$$\sigma = \varepsilon \cdot E \text{ 和 } \varepsilon_L = \frac{\Delta L}{L}$$

$$F = E \cdot \varepsilon \cdot A \qquad (6-17)$$

其中，ε 为应变量，σ 为应力，ΔL 为长度 L 方向的拉伸或压缩，E 为材料的杨氏模量，A 为各层材料垂直于受力方向的截面积。由于顶层 Si 的厚度和 SiO_2 埋绝缘层的厚度相差不大，且远薄于 Si 衬底的厚度，故假设顶层 Si 和 SiO_2 埋绝缘层的应变量相同，则式 (6-16) 可以用以下公式表示：

$$E_{SiN} \cdot \varepsilon_{SiN} \cdot t_{SiN} = (E_{Si} \cdot t_{Si} + E_{SiO_2} \cdot t_{SiO_2}) \cdot \varepsilon_L \qquad (6-18)$$

其中，ε_L 表示顶层 Si 的应变量，最终可以用如下公式来表示：

$$\varepsilon_L = \frac{\sigma_{SiN} \cdot t_{SiN}}{E_{Si} \cdot t_{Si} + E_{SiO_2} \cdot t_{SiO_2}} \qquad (6-19)$$

式中，σ_{SiN} 是由曲率法测得的薄膜应力。

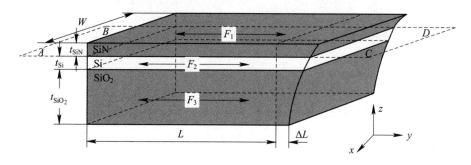

图 6.7　拉伸/压缩应变模型

该模型的计算误差较大，绝对误差都在 10^{-1} 量级以下，相对误差在 $35\% \sim 68\%$，所以该模型存在考虑不周之处。实际上 SiO_2 埋绝缘层和 Si 衬底之间在 He 离子注入下，柔顺滑移并不是绝对理想的滑移，SiO_2 埋绝缘层依然会受到 Si 衬底的作用，He 离子注入降低了界面间的结合强度，Si 衬底会降低对 SiO_2 埋绝缘层的束缚作用。从第 4 章 ANSYS 有限元仿真结果也可以看出，Si 衬底对顶层 Si 的应变也存在较大影响，故在拉伸/压缩应变模型中也需要引入 Si 衬底的影响因素。

（2）引入 Si 衬底影响因素的拉伸/压缩模型。

考虑 Si 衬底层受到的力为 F_4，建立如图 6.8 所示的应变模型，在 y 方向的长度为 L，在 x 方向的宽度为 W，各层材料厚度用 t 表示。在 SOI 晶圆上淀积了厚度为 t_{SiN} 的压应力 SiN 薄膜，在接触面（顶层 Si 的上表面）施加了应力，其中，SiN 薄膜是施力物体，SiO_2 埋绝缘层、顶层 Si 和 Si 衬底是受力物体。因此，SiN 薄膜对顶层 Si 和 SiO_2 埋绝缘层施加的力为 F_1，顶层 Si、SiO_2 埋绝缘层和 Si 衬底受到的力大小分别为 F_2、F_3 和 F_4，满足如下关系：

$$F_1 \cdot \Delta L_1 = F_2 \cdot \Delta L_2 + F_3 \cdot \Delta L_3 + F_4 \cdot \Delta L_4 \tag{6-20}$$

其中，$\Delta L_i (i=1,2,3)$ 是相应层在受力方向上的位移。根据式(6-17)、式(6-20)可以将式(6-20)转化为

$$E_{SiN} \cdot \varepsilon_{SiN} \cdot t_{SiN} = E_{Si} \cdot t_{Si} \cdot \varepsilon_{L2} + E_{SiO_2} \cdot t_{SiO_2} \cdot \varepsilon_{L3} + E_{Si} \cdot t_{Si.1} \cdot \varepsilon_{L4} \tag{6-21}$$

其中，t_{Si} 和 $t_{Si.1}$ 分别为顶层应变 Si 的厚度和 Si 衬底发生应变的厚度，$\varepsilon_{Li} (i=1,2,3)$ 为各层材料的应变量。

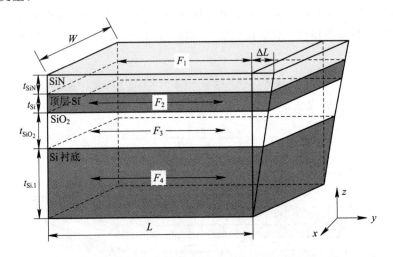

图 6.8　考虑了 Si 衬底的拉伸/压缩应变模型

假设顶层 Si 和 SiO_2 埋绝缘层的应变量相同($\varepsilon_{L2} = \varepsilon_{L3} = \varepsilon_L$)，则式(6-21)可以变为

$$E_{SiN} \cdot \varepsilon_{SiN} \cdot t_{SiN} = (E_{Si} \cdot t_{Si} + E_{SiO_2} \cdot t_{SiO_2}) \varepsilon_L + E_{Si} \cdot t_{Si.1} \cdot \varepsilon_{L4} \tag{6-22}$$

则顶层 Si 的拉伸/压缩应变量 ε_L 即为

$$\varepsilon_L = \frac{\sigma_{SiN} \cdot t_{SiN} - E_{Si} \cdot t_{Si.1} \cdot \varepsilon_{L4}}{E_{Si} \cdot t_{Si} + E_{SiO_2} \cdot t_{SiO_2}} \tag{6-23}$$

2. 平面拉伸/压缩应变模型的优化

(1) 模型的优化。

对于式(6-23)，等号右边分子中 Si 衬底的参数未知，如 Si 衬底发生应变的厚度 $t_{Si.1}$、Si 衬底发生的应变量 ε_{L4} 无法进行计算，故需要对式(6-23)的模型进行优化。

假设 Si 衬底发生应变的厚度为 Si 衬底厚度的 k_1 倍($k_1 < 1$)，Si 衬底发生应变部分的应变量为顶层 Si 应变量 ε_L 的 k_2 倍($k_2 < 1$)，则式(6-22)可以改写为

$$E_{SiN} \cdot \varepsilon_{SiN} \cdot t_{SiN} = [E_{Si} \cdot t_{Si} + E_{SiO_2} \cdot t_{SiO_2} + (k_1 \cdot k_2) E_{Si} \cdot t_{Sub\,Si}] \cdot \varepsilon_L \tag{6-24}$$

则优化后的拉伸/压缩应变模型可以表示为

$$\varepsilon_L = \frac{\sigma_{SiN} \cdot t_{SiN}}{E_{Si} \cdot t_{Si} + E_{SiO_2} \cdot t_{SiO_2} + (k_1 \cdot k_2) \cdot E_{Si} \cdot t_{Sub\,Si}} \tag{6-25}$$

其中，$t_{Sub\,Si}$ 为 Si 衬底的厚度。

在应变模型中引入 $(k_1 \cdot k_2)$，该参数可以表征高应力 SiN 薄膜致应变 SOI 晶圆工艺下 Si 衬底、离子注入等相关因素对顶层 Si 应变影响的强弱，参数值越低表明界面结合越弱，Si 衬底发生的应变越少，顶层 Si 越容易发生拉伸/压缩应变。考虑了 Si 衬底、界面离子注入对顶层 Si 应变的影响，可提高模型的准确性，降低误差。

（2）参数 $k_1 \cdot k_2$ 的获得。

基于高应力 SiN 薄膜致应变 SOI 晶圆工艺原理，选取 4 英寸 SOI(100) 晶圆来进行高应力 SiN 薄膜致应变 SOI 晶圆实验。SOI 晶圆顶层 Si、SiO_2 埋绝缘层、Si 衬底的厚度分别为 30 nm、375 nm、525 μm，对于 5 个样本淀积 1 μm 且应力值分别为 -1 GPa（未离子注入）、-1 GPa、-705 MPa、712 MPa、119 MPa 的应力薄膜，其生长工艺参数如表 6.3 所示，工艺结束后用拉曼光谱仪测试应变 SOI 晶圆顶层 Si 的拉曼峰，从而获得应变值，如表 6.4 所示。

表 6.3　SOI 晶圆样本淀积高应力 SiN 薄膜的工艺参数

样本编号	$T/℃$	P/mTorr	N_2/slm	NH_3/slm	SiH_4/slm	HFP/W	LFP/W	t/s	应力值/MPa
1	400	360	150	12	12	150	100	60	-1021
2	400	360	150	12	12	150	100	60	-1021
3	350	360	150	12	24	150	120	60	-705
4	400	360	180	18	4	1200	300	100	712
5	400	360	200	24	12	105	80	100	119

表 6.4　五个实验样本顶层 Si 应变量的实验测量值

样本编号	SiN 薄膜应力值/MPa	顶层 Si 的应变量/%
1	-1021	0.0896
2	-1021	0.3072
3	-705	0.1806
4	712	-0.0903
5	119	-0.0255

将表 6.4 中的数据代入式（6-25）中，得到 $k_1 \cdot k_2$ 的值分别为 1.618×10^{-2}、4.448×10^{-3}、5.292×10^{-3}、1.108×10^{-2}、6.401×10^{-3}。取样品 2、3 的平均值 4.879×10^{-3} 对应于顶层 Si 张应变，取样品 4、5 的平均值 8.741×10^{-3} 对应于顶层 Si 压应变。使得计算出的两个 $k_1 \cdot k_2$ 分别对应于表 6.3 工艺参数下顶层 Si 张应变和压应变的参数。

3. 平面拉伸/压缩应变模型计算与验证

取 $k_1 \cdot k_2$ 的值为 4.879×10^{-3} 和 8.741×10^{-3}，分别对应于表 6.3 工艺参数下张应变

和压应变,再把表 6.5 中的 SOI 晶圆参数和表 6.3 中的应力薄膜工艺参数代入式(6-25),计算出应变量如表 6.6 所示。

表 6.5 SOI(100)晶圆材料参数

样品编号	材料	杨氏模量 E/GPa	泊松比 γ	热膨胀系数 α/(μ/K)
1	Si 衬底	131	0.278	3.59
2	SiO₂ 层	60	0.17	0.55
3	顶层 Si	131	0.278	3.59
4	SiN 层	130	0.24	2.8

相比于表 6.7 中最初应力模型的计算结果,表 6.6 中的计算值更接近于拉曼测量值,绝对误差和相对误差更低,表明模型的优化是正确的,计算值更为准确,也更准确地描述了高应力 SiN 薄膜致应变 SOI 晶圆的拉伸/压缩应变机理。

表 6.6 模型优化后应变计算值

样品编号	应变/%		误差分析	
	测试结果	模型计算结果	绝对误差/%	相对误差/%
2	0.3072	0.2823	0.0249	8.10
3	0.1806	0.1949	−0.0143	−7.92
4	−0.0903	−0.1134	0.0231	−25.58
5	−0.0255	−0.0190	−0.0065	25.49

表 6.7 模型计算值和测量值

样品编号	应变/%		误差分析	
	测试结果	模型计算结果	绝对误差/%	相对误差/%
2	0.3072	0.4262	−0.1190	−38.74
3	0.1806	0.2439	−0.0633	−35.05
4	−0.0903	−0.1520	0.0617	−68.33
5	−0.0255	−0.0391	0.0136	−53.33

6.2.3 应变模型分析

高应力 SiN 薄膜致应变 SOI 晶圆的应变 $\varepsilon = \varepsilon_B + \varepsilon_L$,由式(6-15)和式(6-25)得到应变 ε:

$$\varepsilon_T = \frac{\sigma_{SiN} \cdot t_{SiN}}{E_{Si} \cdot t_{Si} + E_{SiO_2} \cdot t_{SiO_2} + (k_1 \cdot k_2) \cdot E_{Si} \cdot t_{Sub\,Si}} + \frac{h_{SOI}}{2R + h_{SOI}}$$

$$\varepsilon_C = \frac{\sigma_{\text{SiN}} \cdot t_{\text{SiN}}}{E_{\text{Si}} \cdot t_{\text{Si}} + E_{\text{SiO}_2} \cdot t_{\text{SiO}_2} + (k_1 \cdot k_2) \cdot E_{\text{Si}} \cdot t_{\text{Sub Si}}} - \frac{h_{\text{SOI}}}{2R + h_{\text{SOI}}} \qquad (6-26)$$

其中，ε_T 和 ε_C 分别为张应变和压应变，式(6-26)即为高应力 SiN 薄膜致应变 SOI 晶圆工艺的应变模型。

在该应变模型中，弯曲应变模型更为简单、准确，而拉伸/压缩应变模型加入了 $k_1 \cdot k_2$（不同的薄膜工艺对应不同的参数值），由于考虑了衬底和 He 离子注入的影响，使得计算值更精确，降低了模型计算误差，更准确地描述了高应力 SiN 薄膜致应变 SOI 晶圆的应变机理。

本 章 小 结

本章基于高应力 SiN 薄膜致应变 SOI 晶圆的应变机理、材料力学理论、ANSYS 有限元的仿真结果等内容，建立和优化了 SiN 致应变 SOI 晶圆的弯曲应变模型和拉伸/压缩应变模型，更为准确地描述了应变机理，计算值更接近于实验测量值，降低了计算误差。

第 7 章

晶圆级应变 SOI 应力分布的有限元计算

7.1　机械致晶圆级单轴应变 SOI 应力分布计算

基于 ANSYS 有限元分析软件，本章对机械致晶圆级单轴应变 SOI 在不同弯曲半径下的应力与应变分布进行了系统全面的模拟分析，为设计机械弯曲台和机械致晶圆级单轴应变 SOI 的实验工艺提供了很好的理论参考。

7.1.1　材料属性定义

根据 ANSYS 软件的设置要求，定义了单晶 Si 与 SiO_2 薄膜的材料参数，如表 7.1 所示，其中单晶 Si 的杨氏模量是 [100] 方向的数值。

表 7.1　ANSYS 中单晶 Si 与 SiO_2 薄膜的材料参数

材料	杨氏模量 E/GPa	热膨胀系数 α/(μ/K)	热对流系数 W/(m·k)	泊松比 γ
单晶 Si	162.91	3.59	140.00	0.278
SiO_2 薄膜	60.00	0.55	1.40	0.170

7.1.2　有限元模型

根据弯曲台结构与 SOI 晶圆结构，本节首先建立了 4 英寸机械致单轴应变 SOI 晶圆弯曲退火工艺的 ANSYS 有限元仿真模型，如图 7.1(a) 所示。由于模型具有对称性，故只建立了 1/4 模型,可减少计算量,节省计算时间,但并不影响模型的准确性。图 7.1(b)是基于该模型的网格划分示意图。

　　对单轴张应变与压应变 SOI 晶圆的应力与应变分布进行 ANSYS 仿真模拟,曲率半径分别为 1 m、0.75 m、0.5 m,施加的载荷分别为 260 N、295 N、408 N。

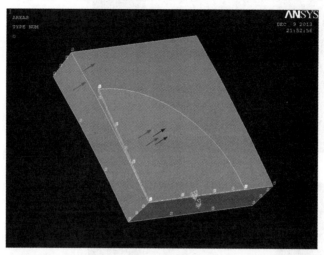

(a) SOI 晶圆模型

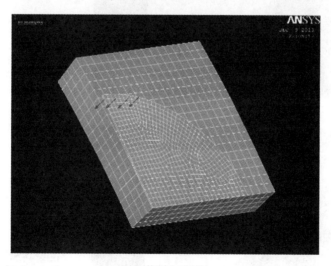

(b) 网格划分示意图

图 7.1　机械致单轴应变 SOI 晶圆有限元模型

7.1.3　单轴张应变 SOI 晶圆应力分布

1. 顶层 Si 的应力分布

　　图 7.2 所示是 1 m 弯曲半径下单轴张应变 SOI 晶圆顶层 Si 中应力沿 x、y、z 方向的分布,x 方向垂直于弯曲面,应力值为负,说明 x 方向发生了相应的压应变;y 方向为弯曲方向,应力最大且为正值,表明为张应力;z 方向平行于弯曲面并与 x 方向垂直,也为张应

力。由图可见，应力分布均匀，只在压杆处（外力施加处）出现了较大波动，这是圣维南效应所致。

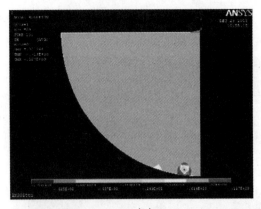

(a) x 方向

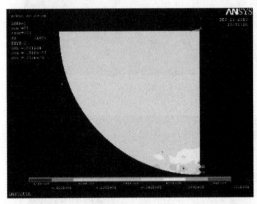

(b) y 方向

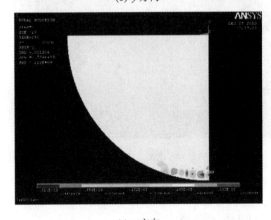

(c) z 方向

图 7.2   1 m 弯曲半径下单轴张应变 SOI 晶圆顶层 Si 的应力分布

图 7.3 给出了不同弯曲半径下单轴张应变 SOI 晶圆沿弯曲方向的应力分布，由图可见，1 m 和 0.75 m 弯曲半径下的应力分布比 0.5 m 弯曲半径下的应力分布均匀，表明弯曲度越大，应力分布越不均匀。

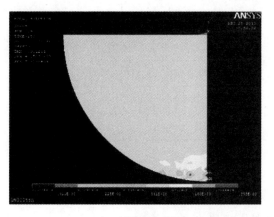
(a) 1 m

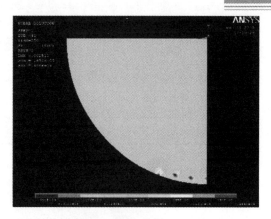
(b) 0.75 m

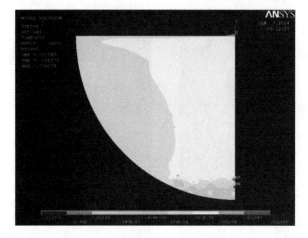
(c) 0.5 m

图 7.3　不同弯曲半径下单轴张应变 SOI 晶圆 y 方向的应力分布

　　为了对比分析不同弯曲半径下的应力分布,选取了如图 7.4 所示的 4 个位置点的应力数值,如表 7.2 所示。由表可知,弯曲方向(y 方向)的应力随弯曲半径的减小而增加,且应力均匀性随弯曲半径的减小而下降。

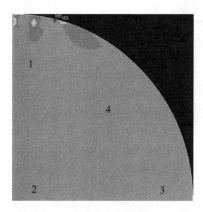

图 7.4　4 个点位置的选取示意图

表 7.2   不同弯曲半径下张应变 SOI 晶圆顶层 Si 在 y 方向的应力对比

参量	弯曲半径/m	位置 1	位置 2	位置 3	位置 4	平均值
	1.00	5.65E+07	5.60E+07	4.51E+07	4.31E+07	5.02E+07
应力	0.75	1.08E+08	1.13E+08	1.05E+08	1.03E+08	1.07E+08
	0.50	1.19E+08	1.14E+08	1.07E+08	1.02E+08	1.10E+08

2. SiO₂ 埋绝缘层的应力分布

图 7.5 是 1 m 弯曲半径下单轴张应变 SOI 晶圆 SiO_2 埋绝缘层中的应力沿 x、y、z 方向的分布，其分布趋势与图 7.2 所示的单轴张应变 SOI 晶圆顶层 Si 相应的应力分布趋势一致，只是在数值上相应要小，这是因为 SiO_2 埋绝缘层和顶层 Si 一样，都处于中性面之上。

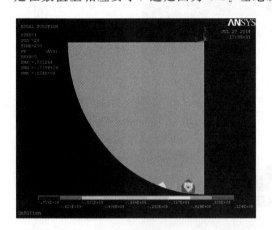

(a) x 方向   (b) y 方向

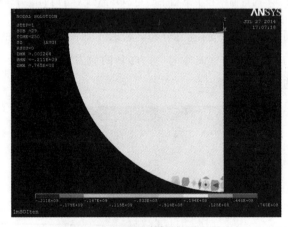

(c) z 方向

图 7.5   1 m 弯曲半径下单轴张应变 SOI 晶圆 SiO_2 埋绝缘层的应力分布

图 7.6 给出了不同弯曲半径下单轴张应变 SOI 晶圆 SiO_2 埋绝缘层 y 方向的应力分布，由图可见，其应力分布与图 7.3 所示的顶层 Si 在不同弯曲半径下 y 方向的应力分布趋势相

同，即应力随弯曲半径的减小而增加，而应力的均匀性却随弯曲半径的减小而降低。

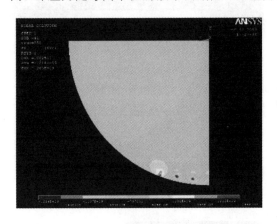

(a) 1 m

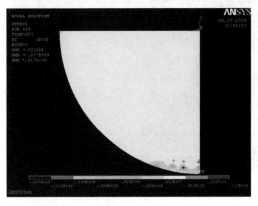

(b) 0.75 m

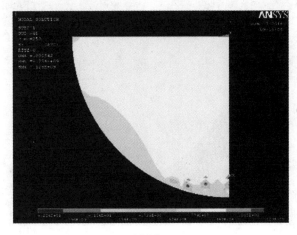

(c) 0.5 m

图 7.6　不同弯曲半径下单轴张应变 SOI 晶圆 SiO_2 埋绝缘层 y 方向的应力分布

7.1.4　单轴压应变 SOI 晶圆应力分布

1. 顶层 Si 的应力分布

图 7.7 是 1 m 弯曲半径下单轴压应变 SOI 晶圆顶层 Si 中的应力沿 x、y、z 方向的分布，由图可见，其应力分布趋势与单轴张应变 SOI 晶圆顶层 Si 中的应力分布趋势一致。图 7.8 所示是不同弯曲半径下单轴压应变 SOI 晶圆顶层 Si 在 y 方向的应力分布，由图可见，1 m 和 0.75 m 弯曲半径下的应力分布比 0.5 m 弯曲半径下的应力分布均匀，表明弯曲度越大，应力分布越不均匀。

表 7.3 所示的是不同弯曲半径下单轴压应变 SOI 晶圆在 4 点位置上 y 方向的应力大小对比，由表可见，弯曲方向(y 方向)的应力随弯曲半径的减小而增加，与单轴张应变 SOI 晶圆的分布趋势完全一致。

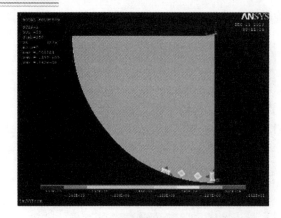

(a) *x* 方向

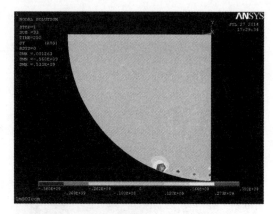

(b) *y* 方向

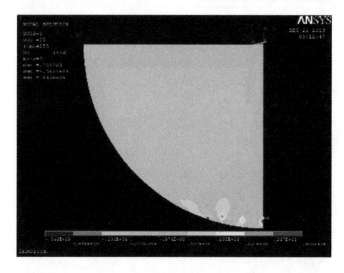

(c) *z* 方向

图 7.7　1 m 弯曲半径下单轴压应变 SOI 晶圆顶层 Si 的应力分布

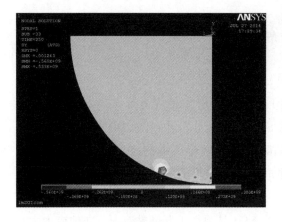

(a) 1 m

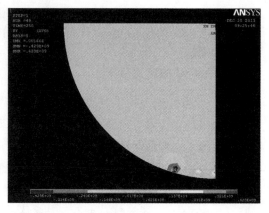

(b) 0.75 m

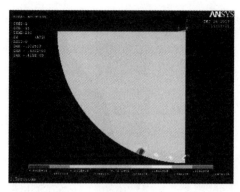

(c) 0.5 m

图 7.8　不同弯曲半径下单轴压应变 SOI 晶圆顶层 Si 在 y 方向的应力分布

表 7.3　不同弯曲半径下压应变 SOI 晶圆顶层 Si 在 y 方向的应力对比

参量	弯曲半径/m	位置 1	位置 2	位置 3	位置 4	平均值
	1.00	−4.54E+07	−4.89E+07	−4.02E+07	−4.16E+07	−4.40E+07
应力	0.75	−6.69E+07	−6.40E+07	−4.11E+07	−5.27E+07	−5.62E+07
	0.50	−9.55E+07	−9.75E+07	−7.25E+07	−7.07E+07	−8.41E+07

2. SiO₂ 埋绝缘层应力分布

图 7.9 是 1 m 弯曲半径下单轴压应变 SOI 晶圆 SiO₂ 埋绝缘层中应力沿 x、y、z 方向的分布，由图可见，其应力分布趋势与相同条件下单轴张应变 SOI 晶圆的分布趋势完全一致。

图 7.10 中分别给出了不同弯曲半径下单轴压应变 SOI 晶圆 SiO₂ 埋绝缘层 y 方向的应力分布，由图可见，其应力分布趋势同样与相同条件下单轴张应变 SOI 晶圆的分布趋势一致。

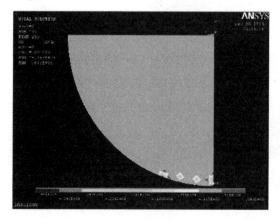
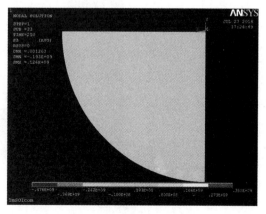

(a) x 方向　　　　　　　　　　　　　　　　(b) y 方向

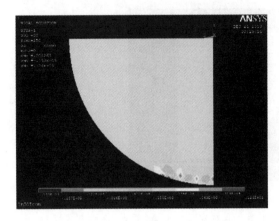

(c) z 方向

图 7.9　1 m 弯曲半径下单轴压应变 SOI 晶圆 SiO_2 埋绝缘层的应力分布

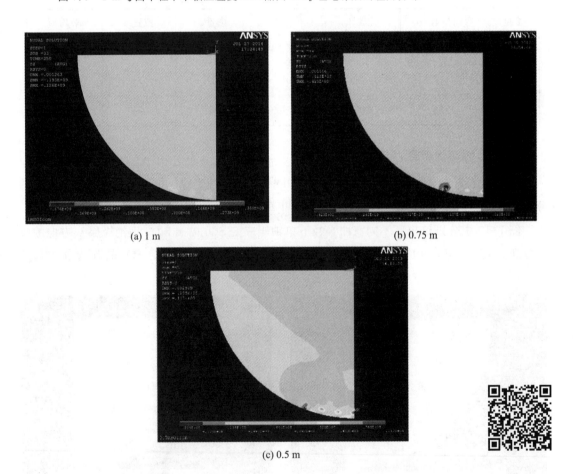

(a) 1 m

(b) 0.75 m

(c) 0.5 m

图 7.10　不同弯曲半径下单轴压应变 SOI 晶圆 SiO_2 埋绝缘层 y 方向的应力分布

7.1.5 单轴应变 SOI 应力仿真结果

在 4 英寸机械致单轴应变 SOI 晶圆弯曲退火装置的 ANSYS 有限元仿真的基础上，本小节进一步改变晶圆尺寸，对 6 英寸与 8 英寸 SOI 晶圆弯曲退火工艺建立 ANSYS 有限元仿真模型。由表 7.4 所示结果可知，6 英寸与 8 英寸的单轴应变 SOI 晶圆中心点的应力随弯曲半径的减小而增大，这一变化趋势与 4 英寸的变化趋势完全一致。

表 7.4　6 英寸 SOI 晶圆顶层 Si 弯曲方向(y 方向)的应变与应力值

晶圆尺寸	曲率半径 /m	SOI 厚度/ μ m	张应变		压应变	
			应力/MPa	应变量	应力/MPa	应变量
6 英寸	0.40	675/0.5/0.30	143.01	0.79736E-03	−147.99	−0.81715E-03
		725/0.5/0.30	153.36	0.85537E-03	−159.34	−0.87992E-03
		675/0.1/0.30	143.18	0.79832E-03	−147.43	−0.81453E-03
		675/0.5/0.15	142.98	0.79721E-03	−148.03	−0.81697E-03
		675/0.5/0.45	143.04	0.79753E-03	−147.57	−0.81465E-03
	0.60	675/0.5/0.30	96.068	0.53682E-3	−98.953	−0.54776E-03
8 英寸	0.50	725/0.5/0.35	125.66	0.69774E-03	−130.00	−0.71426E-03
	0.30	725/0.5/0.35	211.40	0.11724E-02	−216.62	−0.11892E-02
		725/3.0/0.35	212.60	0.11790E-02	−217.60	−0.11958E-02
		725/0.145/0.1	210.92	0.11711E-02	−216.30	−0.11887E-02

7.1.6 ANSYS 结果与光纤光栅测试结果对比

1. 光纤光栅测量原理

根据胡克定律，若沿光纤轴向施加拉力 F，则光纤产生的轴向应变为

$$\varepsilon_z = \frac{1}{E} \cdot \frac{F}{S} \tag{7-1}$$

式中，E 为光纤的杨氏模量，S 为光纤的横截面积。而均匀轴向应变引起波长漂移的应变公式为

$$\frac{\Delta \lambda_B}{\lambda_B} = (1 - P_e)\varepsilon_z = k\varepsilon_z \tag{7-2}$$

式中，$k = 0.784$，为应变灵敏度系数；$\Delta \lambda_B$ 为光纤光栅中心波长漂移量；λ_B 为布拉格波长；P_e 为载荷。因此，采用光纤光栅的实验方法，可以精确测量弯曲状态下单轴应变 SOI 晶圆的应力。

2. 实验测量结果

考虑到单轴应变 SOI 晶圆的对称性，选取了 1/4 晶圆的 4 个测试点，其中 1、2、3 号测试点的光纤光栅沿弯曲方向粘贴，4 号测试点的光纤光栅则与应变分析成 45°角，如图 7.11 所示。

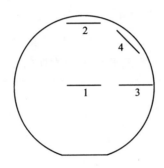

图 7.11　光纤光栅测试中单轴应变 SOI 晶圆应力分布示意图

采用微光 SM125 型光纤光栅解调仪测试样品，光纤截面直径为 125 μm，杨氏模量 E 为 72 GPa。测试计算结果如表 7.5 所示，由表可知，单轴张应变 SOI 晶圆应力分布的光纤光栅实验计算结果与其 ANSYS 模拟结果基本一致。

表 7.5　不同弯曲半径下 4 英寸应变 SOI 晶圆光纤光栅实验测试结果

弯曲半径/m	测试点	未应变波长/nm	应变波长/nm	应变计算值 /(10^{-6})	ANSYS 模拟 结果/(10^{-6})
1 （测试温度 25.3℃）	1	1543.9936	1544.4489	376.0	381
	2	1541.2391	1541.6064	304.0	296
	3	1532.3176	1532.7605	369.0	212
	4	1541.2737	1541.4818	172.0	169
0.75 （测试温度 25.4℃）	1	1543.9993	1544.5132	424.5	433
	2	1541.2446	1541.6773	358.1	336
	3	1532.3250	1532.8255	416.6	242
	4	1541.2781	1541.5253	204.6	200
0.5 （测试温度 25.5℃）	1	1544.0015	1544.7196	593.2	602
	2	1541.2461	1541.9141	552.8	560
	3	1532.3272	1533.0476	599.7	400
	4	1541.2805	1541.5754	244.0	241

7.2　高应力 SiN 薄膜致应变 SOI 晶圆拉伸应力分布计算

7.2.1　有限元分析模型建立

根据 ANSYS 有限元仿真软件的设置要求和高应力 SiN 薄膜致晶圆级应变 SOI 的工艺参数，建立高应力 SiN 薄膜致应变 SOI 晶圆的 ANSYS 有限元层状复合材料模型，具体过程如下。

1. 建立模型

ANSYS 有限元仿真软件提供了多种单元类型的模型，如链(Link)、梁(Beam)、管道(Pipe)、实心固体(Solid)、壳层(Shell)等。对于复合材料，可以选择 Solid 或 Shell 为单元类型来建模，ANSYS 提供的用于建立复合材料的单元类型有 Shell99、Shell91、Shell181、Solid190、Solid46、Solid186、Solid191 等。SOI 晶圆是一种层状复合材料，由 Si 衬底、SiO_2 埋绝缘层、顶层 Si 组成，对于高应力 SiN 薄膜致应变 SOI 晶圆的工艺还有一层 SiN 薄膜，形成一种夹层结构，则该结构可以选取 Shell91 或 Shell181 单元来进行建模。ANSYS 19.2 版本中的可选单元类型如图 7.12 所示，本章选取 Shell181 单元类型来建模。

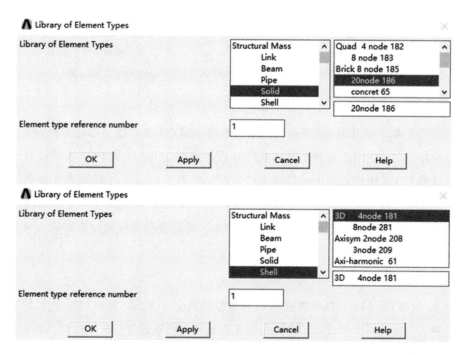

图 7.12　ANSYS 19.2 版本中的单元类型

Shell181 是一种三维的四节点壳单元，每个节点具有 6 个自由度，可以应用于较薄的多层壳层材料分析，也适合分析线性或非线性的应变或形变，最多可允许 255 层的复合材料。该单元模型结构如图 7.13 所示，每个节点具有 x、y、z 三个轴方向的位移和绕 x、y、z 三个轴的转角，共计 6 个自由度。

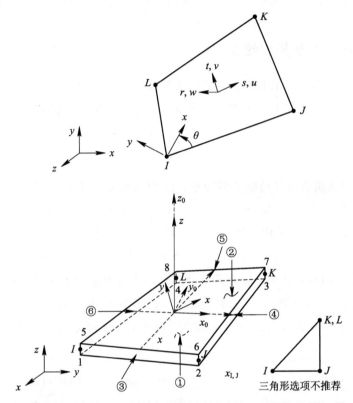

x_0＝未提供ESYS的 x 轴，ESYS用来完成单元的方向性；x＝提供ESYS的 x 轴。

图 7.13　三维壳层 Shell181 单元

本模型以 4 英寸 SOI 晶圆（厚 626 μm）为基础来建立，由于模型具有对称性，为了减少计算量以及计算时间，因此设置了对称条件和边界条件，用 1/4 的 SOI 晶圆模型也可达到相同的计算效果。采用从下到上的建模方法，依次对 SOI 的三层材料和 SiN 薄膜材料铺层建模，并为每层材料分配相应的材料属性，先画出 1/4 的 SOI 晶圆结构，然后经过网格划分、设置约束、施加载荷、设置静态求解等操作后，最后进行有限元计算和应力应变云图查看，详细操作后面详述。

2. 建模命令流

通过在 ANSYS APDL 操作界面输入本模型的操作命令流，完成材料单元类型选取和关键字设置、各层材料参数设置、建立三维几何模型、网格划分、定义约束、定义预应力载荷、求解和查看等操作。

（1）材料单元类型选取和关键字设置。

在命令行中输入以下命令：

```
fini
/clear
/prep7
/units，mks
* afun，deg
et，1，shell181
keyopt，1，3，2        ！3 号关键字改为 2，全积分；
keyopt，1，8，1        ！8 号关键字改为 1，存储所有层的相关数据；
```

依次点击"Main Menu"下的"Preprocessor→Element Type→Add/Edit/Delect"，弹出如图 7.14 所示的"Element Types"窗口，再点击"Options"按钮，则出现图 7.14 中的"SHELL 181 element type options"窗口，可以查看相应关键字的设置。

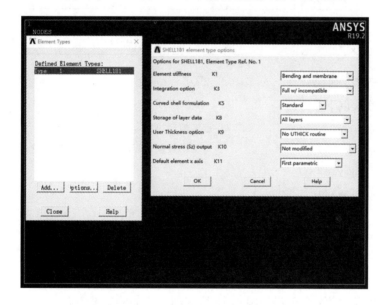

图 7.14　模型单元选取和关键字设置

（2）各层材料参数设置（参见表 7.6）。

在命令行输入以下命令流：

```
pthlay1＝625e-6          ！第 1 层（SOI Si 衬底的厚度）；
pthlay2＝0.5e-6          ！第 2 层（SOI Si 衬底的厚度）；
pthlay3＝0.15e-6         ！第 3 层（SOI 顶层 Si 的厚度）；
pthlay4＝1e-6            ！第 4 层（SOI 上淀积 SiN 薄膜的厚度）；
pradius＝0.0508          ！SOI 晶圆的半径；
! Si 的材料参数
mp，ex，1，162.91e9      ！Si 的杨氏模量；
mp，prxy，1，0.278       ！Si 的泊松比；
mp，alpx，1，3.59e-6     ！Si 的热膨胀系数；
! SiO₂ 的材料参数
```

```
mp, ex, 2, 60e9              ! SiO₂ 的杨氏模量；
mp, prxy, 2, 0.17           ! SiO₂ 的泊松比；
mp, alpx, 2, 0.55e-6        ! SiO₂ 的热膨胀系数；
! Si₃N₄ 的材料参数
mp, ex, 3, 130e9            ! Si₃N₄ 的杨氏模量；
mp, prxy, 3, 0.24          ! Si₃N₄ 的泊松比；
mp, alpx, 3, 2.8e-6        ! Si₃N₄ 的热膨胀系数；
```

表 7.6　各层材料参数值

编号	材料	杨氏模量 E/GPa	泊松比 γ	热膨胀系数 α/(μ/K)
1	Si 衬底	162.91	0.278	3.59
2	SiO₂ 层	60	0.17	0.55
3	顶层 Si	162.91	0.278	3.59
4	SiN 层	130	0.24	2.8

（3）建立三维几何模型。

在命令行输入以下命令流：

```
sectype, 1, shell              ! 定义铺层类型，壳层 shell；
secdata, pthlay1, 1            ! 定义层数据，pthlay1：第一个厚度值；1：1 号材料；
secdata, pthlay2, 2
secdata, pthlay3, 1
secdata, pthlay4, 3
secoffset, bot
cyl4, 0, 0, 0, 0, pradius, 90   ! 画出 1/4 三维结构；
alls
```

执行完上述命令流，会弹出如图 7.15 所示的 1/4 晶圆模型图。

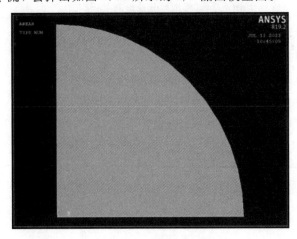

图 7.15　1/4 晶圆模型图

（4）网格划分。

在命令行输入以下命令流：

```
csys, 0
asel, s, area, 1
alls
esize, 1e-3              ! 网格划分；
amesh, all
```

执行完上述命令流，即会显示如图 7.16 所示的网格划分结果图。

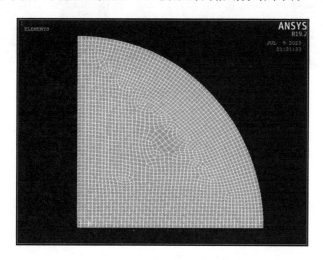

图 7.16 网格划分结果图

（5）定义约束和预应力载荷。

在命令行输入以下命令流：

```
/eshape, 1, 1                   ! 分别对 x 轴和 y 轴施加边界条件；
csys, 0
lsel, s, loc, x, 0
dl, all, 1, symm
lsel, s, loc, y, 0
dl, all, 1, symm
nsel, s, loc, x, 0              ! 设置中心节点的自由度；
nsel, r, loc, y, 0
d, all, all
esel, s, layer, , 4            ! 设置第四层材料 SiN；
kbc, 0
inistate, define, 4, 1.5e9, 1.5e9   ! 施加预应力；
alls
```

执行完上述命令流，即会显示如图 7.17 所示的定义约束和预应力载荷结构图。

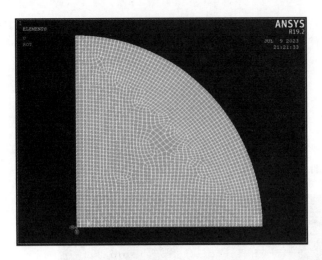

图 7.17　定义约束和预应力载荷结果图

（6）求解。

在命令行输入以下命令流：

```
/solu
antype，static            ! 静态求解；
nlgeom，on                ! 几何非线性打开；
outres，all，all          ! 输出每步的结果；
autots，on                ! 自动步长打开；
nsubst，10，1000，10       ! 网格步长设置；
alls
solve
Fini
```

执行完上述命令流，即会显示如图 7.18 所示的求解结果图。

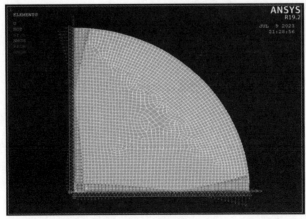

图 7.18　求解结果图

（7）查看。

在命令行输入以下命令流：

```
/post1
rsys, 0
layer, 3              ! 查看第三层的结果；
plnsol, s, x          ! x direction stress；
plnsol, s, y          ! y direction stress；
plnsol, s, z          ! z direction stress；
```

执行完上述命令流，手动操作设置 POWRGRPH 下的 OFF，即会显示如图 7.19 所示的应力云图。

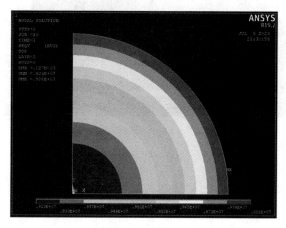

图 7.19　应力云图

依次点击"Main Menu"→"General Postproc"→"Plot Results"→"Contour Plot"→"Nodal Solu"，弹出"Contour Nodal Solution Data"窗口，如图 7.20 所示。再点击窗口中的"Nodal Solution"→"Stress"→"von Mises stress"，查看总应力云图，如图 7.21 所示。

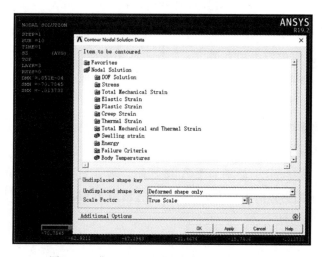

图 7.20　"Contour Nodal Solution Data"窗口

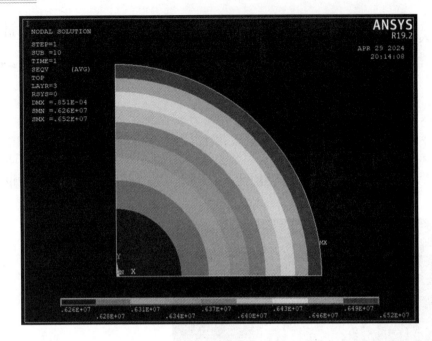

图 7.21　总应力云图

通过更改命令流中的相关代码数据，可以很快实现不同参数下薄膜致应变 SOI 晶圆的模型建立，减少了 ANSYS GUI 操作重复建模的时间。

7.2.2　仿真计算与结果分析

本节采用控制变量法，通过改变某一材料参数，建立 ANSYS 有限元模型，仿真出单一因素对模型的影响结果，来分析各个参数对 SOI 晶圆顶层 Si 材料应变的影响。

1. 淀积的应力薄膜对 SOI 晶圆应变的影响

改变 SiN 应力薄膜的应力值和厚度，来分析淀积的应力薄膜对 SOI 晶圆应变的影响。选取 4 英寸 SOI 晶圆参数：顶层 Si 厚 $0.15~\mu m$，SiO_2 埋绝缘层厚 $0.5~\mu m$，Si 衬底厚 $625~\mu m$。

（1）SiN 应力薄膜的应力值发生变化。

SiN 应力薄膜厚 $1~\mu m$，薄膜的应力值如表 7.7 所示。利用 ANSYS 仿真应力薄膜不同应力值下顶层 Si 的应力云图，结果如图 7.22 所示，顶层 Si 的应力值如表 7.7 所示。从结果中可以看出，从晶圆中心沿半径方向，应力值逐渐减小，随着 SiN 应力薄膜应力的增大，顶层 Si 的应力值逐渐变大。

表 7.7　应力薄膜不同应力值情况下顶层 Si 的应力值

编号	SiN 薄膜的应力值/GPa	中心应力值/Pa	边缘应力值/Pa	平均应力值/Pa
1	-0.5	0.322×10^7	0.316×10^7	0.319×10^7
2	-0.75	0.484×10^7	0.472×10^7	0.478×10^7
3	-1	0.647×10^7	0.626×10^7	0.637×10^7
4	-1.25	0.809×10^7	0.779×10^7	0.794×10^7
5	-1.5	0.972×10^7	0.931×10^7	0.952×10^7

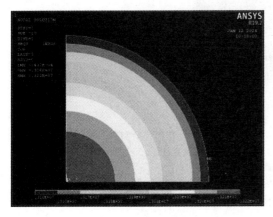

(a) 0.5 GPa 下的应力云图

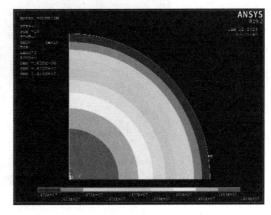

(b) 0.75 GPa 下的应力云图

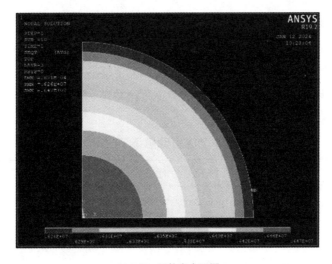

(c) 1 GPa 下的应力云图

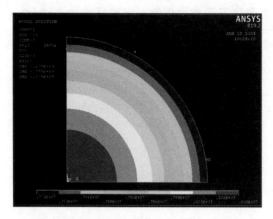

(d) 1.25 GPa 下的应力云图

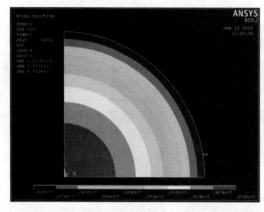

(e) 1.5 GPa 下的应力云图

图 7.22　SiN 应力薄膜不同应力值下顶层 Si 的应力云图

（2）SiN 应力薄膜的厚度发生变化。

SiN 应力薄膜应力为 −1 GPa，薄膜厚度如表 7.8 所示。利用 ANSYS 仿真不同厚度应力薄膜下顶层 Si 的应力云图，结果如图 7.23 所示，顶层 Si 的应力值如表 7.8 所示。从结果中可以看出，从晶圆中心沿半径方向，应力值逐渐减小，随着 SiN 应力薄膜厚度的增大，顶层 Si 的应力值逐渐变大。

表 7.8　不同厚度应力薄膜下顶层 Si 的应力值

编号	SiN 应力薄膜的厚度/μm	中心应力值/Pa	边缘应力值/Pa	平均应力值/Pa
1	0.6	0.387×10^7	0.379×10^7	0.383×10^7
2	0.8	0.517×10^7	0.503×10^7	0.510×10^7
3	1	0.647×10^7	0.626×10^7	0.637×10^7
4	1.2	0.776×10^7	0.748×10^7	0.762×10^7
5	1.4	0.905×10^7	0.869×10^7	0.887×10^7

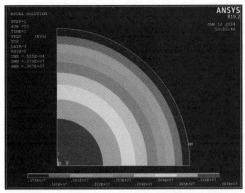

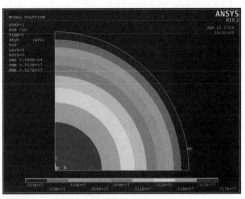

(a) 0.6 μm 下的应力云图　　　　　　　　　　(b) 0.8 μm 下的应力云图

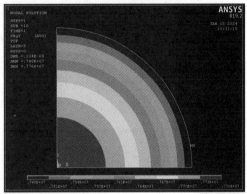

(c) 1 μm 下的应力云图　　　　　　　　　　(d) 1.2 μm 下的应力云图

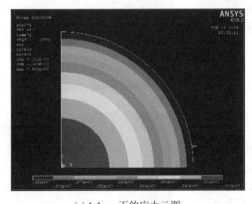

(e) 1.4 μm 下的应力云图

图 7.23　不同厚度 SiN 应力薄膜下顶层 Si 的应力云图

2. SOI 晶圆各层材料厚度对顶层 Si 应变的影响

（1）顶层 Si 厚度变化。

改变 SOI 晶圆顶层 Si 的厚度来分析其对 SOI 晶圆顶层 Si 应变的影响。选取 4 英寸 SOI 晶圆，其参数为：SiN 薄膜厚 1 μm、内应力为 −1 GPa，顶层 Si 的厚度变化如表 7.9 所示，SiO_2 埋绝缘层厚 0.5 μm，Si 衬底厚 625 μm。

表 7.9　不同厚度顶层 Si 的应力结果

编号	顶层 Si 厚度/μm	中心应力值/Pa	边缘应力值/Pa
1	0.8	0.646×10^7	0.626×10^7
2	0.6	0.646×10^7	0.626×10^7
3	0.5	0.646×10^7	0.626×10^7
4	0.4	0.646×10^7	0.626×10^7
5	0.2	0.647×10^7	0.626×10^7

　　利用 ANSYS 仿真 SOI 晶圆不同厚度顶层 Si 下的应力云图，结果如图 7.24 所示，顶层 Si 的应力值如表 7.9 所示。从结果中可以看出，从晶圆中心沿半径方向，应力值逐渐减小，在图示厚度变化范围内，顶层 Si 应力值变化不明显。

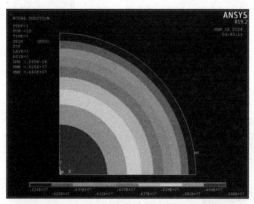

(a) 0.8 μm 下的应力云图

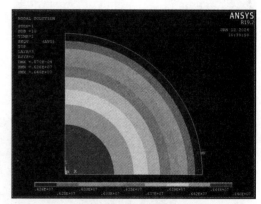

(b) 0.6 μm 下的应力云图

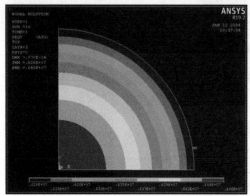

(c) 0.5 μm 下的应力云图

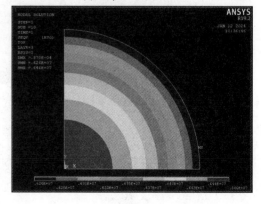

(d) 0.4 μm 下的应力云图

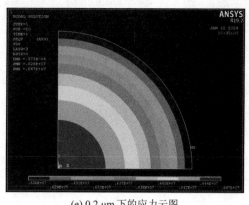

(e) 0.2 μm 下的应力云图

图 7.24　不同厚度顶层 Si 下的应力云图

（2）SiO$_2$ 埋绝缘层厚度变化。

改变 SOI 晶圆 SiO$_2$ 埋绝缘层厚度，来分析其对 SOI 晶圆顶层 Si 应变的影响。选取 4 英寸 SOI 晶圆，其参数为：SiN 薄膜厚 1 μm、内应力为 −1 GPa，顶层 Si 厚 0.15 μm，SiO$_2$ 埋绝缘层厚度变化如表 7.10 所示，Si 衬底厚 625 μm。

表 7.10　不同厚度 SiO$_2$ 埋绝缘层下顶层 Si 的应力值

编号	SiO$_2$ 埋绝缘层厚度/μm	中心应力值/Pa	边缘应力值/Pa
1	0.5	0.647×10^7	0.626×10^7
2	1	0.647×10^7	0.627×10^7
3	1.5	0.648×10^7	0.628×10^7
4	2	0.649×10^7	0.629×10^7
5	3	0.651×10^7	0.631×10^7

利用 ANSYS 仿真 SOI 晶圆不同厚度 SiO$_2$ 埋绝缘层下的应力云图，结果如图 7.25 所示，顶层 Si 的应力值如表 7.10 所示。从结果中可以看出，从晶圆中心沿半径方向，应力值逐渐减小，在图示厚度变化范围内，顶层 Si 的应力值变化不明显。

（3）Si 衬底厚度变化。

改变 SOI 晶圆 Si 衬底的厚度，来分析其对 SOI 晶圆顶层 Si 应变的影响。选取 4 英寸 SOI 晶圆，其参数为：SiN 薄膜厚 1 μm、内应力为 −1 GPa，顶层 Si 厚 0.15 μm，SiO$_2$ 埋绝缘层厚 0.5 μm，Si 衬底厚度变化如表 7.11 所示。

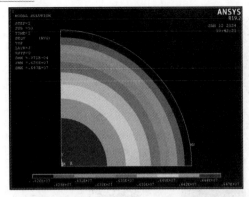

(a) 0.5 μm 下的应力云图

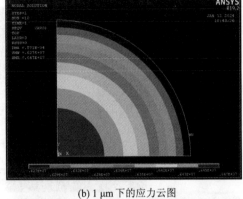

(b) 1 μm 下的应力云图

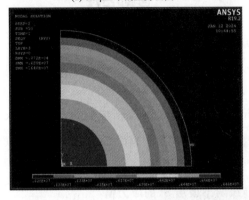

(c) 1.5 μm 下的应力云图

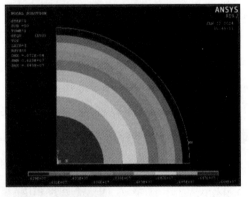

(d) 2 μm 下的应力云图

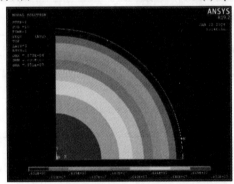

(e) 3 μm 下的应力云图

图 7.25　不同厚度 SiO_2 埋绝缘层下顶层 Si 的应力云图

表 7.11　不同厚度 Si 衬底下顶层 Si 的应力值

编号	Si 衬底厚度/μm	中心应力值/Pa	边缘应力值/Pa
1	500	0.809×10^7	0.769×10^7
2	625	0.647×10^7	0.626×10^7
3	750	0.537×10^7	0.526×10^7
4	875	0.459×10^7	0.453×10^7
5	1000	0.401×10^7	0.398×10^7

利用 ANSYS 仿真 SOI 晶圆不同厚度 Si 衬底下的应力云图，结果如图 7.26 所示，顶层 Si 的应力值如表 7.11 所示。从结果中可以看出，从晶圆中心沿半径方向，应力值逐渐减小，随着 Si 衬底厚度的增加，顶层 Si 的应力值降低。

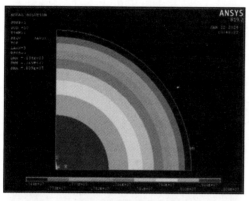

(a) 500 μm 下的应力云图

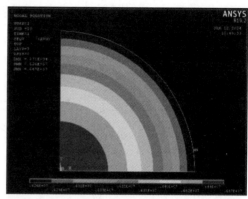

(b) 625 μm 下的应力云图

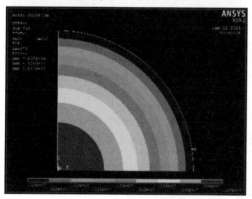

(c) 750 μm 下的应力云图

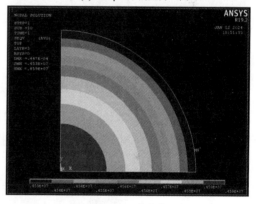

(d) 875 μm 下的应力云图

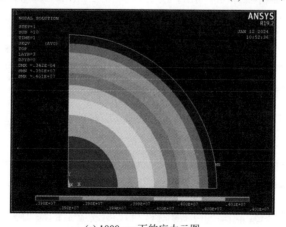

(e) 1000 μm 下的应力云图

图 7.26　不同厚度 Si 衬底下顶层 Si 的应力云图

综上，仿真结果如图 7.27 所示，不同 SiN 薄膜的厚度和应力值、Si 衬底的厚度对 SOI

晶圆顶层 Si 应变量的影响较大，不同顶层 Si 的厚度、SiO_2 埋绝缘层的厚度对 SOI 晶圆顶层 Si 应力的影响较小。

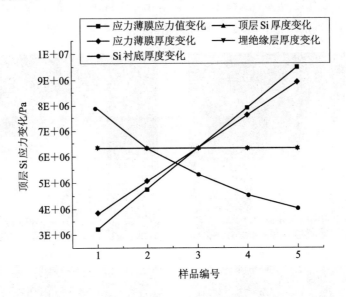

图 7.27   SOI 晶圆各参数对顶层 Si 应力的影响

3. SOI 晶圆薄膜材料尺度效应对顶层 Si 应力的影响

有研究表明：材料的杨氏模量等参数会随薄膜厚度的减小而增大，本节通过 ANSYS 有限元来分析顶层 Si 和 SiO_2 埋绝缘层薄膜材料的尺度效应对 SOI 晶圆顶层 Si 应力的影响。

（1）SiO_2 埋绝缘层薄膜材料的尺度效应的影响。

4 英寸 SOI 晶圆（Si 衬底厚 626 μm，顶层 Si 厚 0.15 μm，100 晶面），SiN 薄膜厚 1 μm、内应力为 -1 GPa，不同厚度的 SiO_2 埋绝缘层薄膜对应的杨氏模量如表 7.12 所示。

表 7.12   不同厚度 SiO_2 埋绝缘层薄膜的杨氏模量

编号	SiO_2 厚度/μm	SiO_2 杨氏模量/GPa
1	1	84.42
2	2	79.39
3	3	77.12
4	5	75.23

利用 ANSYS 仿真 SOI 晶圆 SiO_2 薄膜材料尺度效应下的应力云图，结果如图 7.28 所示，顶层 Si 的应力值如表 7.13 所示。从结果中可以看出，从晶圆中心沿半径方向，应力值逐渐减小，随着 SiO_2 薄膜材料厚度的减小（杨氏模量增大），顶层 Si 的应力值降低，可见 SiO_2 薄膜材料的杨氏模量减小，使其可以获得更多应力薄膜传递的应力，顶层 Si 获得的应

力增大，SiO_2 埋绝缘层更容易发生应变，柔顺滑移效应增强。

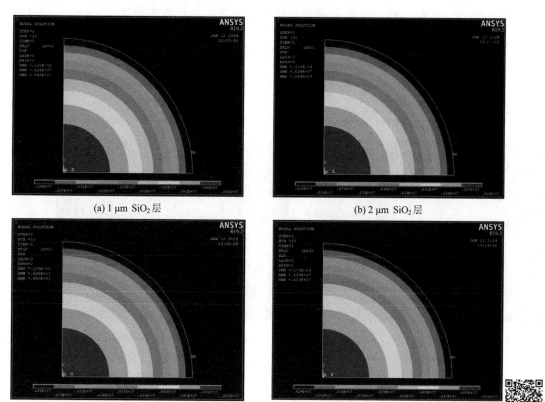

(a) 1 μm SiO_2 层　　　　　　　　　　　(b) 2 μm SiO_2 层

(c) 3 μm SiO_2 层　　　　　　　　　　　(d) 5 μm SiO_2 层

图 7.28　SiO_2 埋绝缘层薄膜材料的尺度效应对顶层 Si 应力的影响

表 7.13　SiO_2 埋绝缘层薄膜尺度效应下顶层 Si 的应力值

编号	中心应力值/Pa	边缘应力值/Pa
1	0.648×10^7	0.624×10^7
2	0.649×10^7	0.625×10^7
3	0.650×10^7	0.626×10^7
4	0.653×10^7	0.629×10^7

（2）顶层 Si 薄膜材料的尺度效应的影响。

6 英寸 SOI 晶圆（Si 衬底厚 610 μm，顶层 Si 厚 35 μm，SiO_2 层厚 1 μm，100 晶面），SiN 薄膜厚 1 μm、内应力为 −1 GPa，测得 35 μm 顶层 Si 的杨氏模量为 177.8535 GPa。

利用 ANSYS 仿真 SOI 晶圆顶层 Si 的不同杨氏模量对其应力的影响，顶层 Si 的应力值如表 7.14 所示，应力云图如图 7.29 所示。从结果中可以看出，从晶圆中心沿半径方向，应力值逐渐减小，尺度效应下杨氏模量对应的应力值要大于体 Si 材料对应的应力值，表明顶层 Si 尺度效应下杨氏模量增大，使得更多的应力作用在平面方向，更容易发生大的应变，增强了顶层 Si 薄膜的柔顺滑移特性。

表 7.14　顶层 Si 薄膜尺度效应下顶层 Si 的应力值

编号	中心应力值/Pa	边缘应力值/Pa
a	0.654×10^7	0.620×10^7
b	0.832×10^7	0.783×10^7

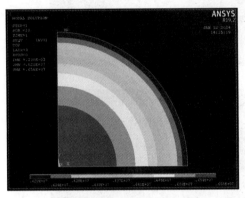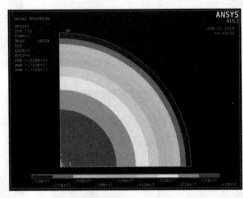

(a) 体 Si 材料下杨氏模量的应力云图　　　　　(b) 尺度效应下杨氏模量的应力云图

图 7.29　应变 SOI 晶圆顶层 Si 不同杨氏模量对其应力的影响

　　综上，顶层 Si 和 SiO$_2$ 埋绝缘层薄膜材料的尺度效应会影响 SOI 晶圆中各层材料的受力情况、薄膜材料的柔顺滑移特性以及顶层 Si 的应变量。

本 章 小 结

　　本章根据 SOI 晶圆材料的弹性力学特性，以及对机械致和高应力 SiN 薄膜致晶圆级单轴应变 SOI 晶圆应变机理的研究分析，建立了机械致与高应力 SiN 薄膜致应变 SOI 晶圆应变量与工艺参数以及晶圆结构的模型。

　　通过建立 ANSYS 有限元模型，讨论了不同尺寸、不同厚度的晶圆在不同弯曲半径和 SiN 工艺参数下的应力变化及应力分布规律，结果表明有限元模拟结果与光纤光栅法测试结果较为吻合，且与本章所建立的应变模型中不同参数对于应变量影响的趋势相符合。

缩略语对照表

缩略语	英　文	中　文
SOI	Silicon On Insulator	绝缘体上硅
SiO$_2$	Silicon Dioxide	二氧化硅
SiN	Silicon Nitride	氮化硅
GeOI	Germanium On Insulator	绝缘层上锗
XRD	X-Ray Diffraction	X 射线衍射
HRTEM	High Resolution Transmission Electron Microscope	高分辨率透射电镜
AFM	Atomic Force Microscope	原子力显微镜
sSOI	strained Silicon On Insulator	绝缘层上应变硅
PECVD	Plasma Enhanced Chemical Vapor Deposition	等离子体增强化学气相沉积法
LPCVD	Low Pressure Chemical Vapor Deposition	低压化学气相淀积
SRB	Strain Relaxed Buffer	应变弛豫缓冲层
DIC	Differential Interference Contrast optical microscope	微分干涉衬度光学显微镜
DSL	Dual Stress Liner	双应力衬垫/双应力线
SMT	Stress Memory Technique	应力记忆技术

参 考 文 献

[1] International Technology Roadmap for Semiconductor 2011 Update Edition. http：// www. itrs. net/Links/2011ITRS/Home2011. htm

[2] IWAI H. CMOS scaling for sub-90 nm to sub-10 nm［C］. 17th International Conference on VLSI Design Proceedings. Mumbai，India，2004：3035

[3] YOSI S D，TETSUYA O，MADHAV D. MOS Device and Interconnects Scaling Physics［M］. German：Springer Verlag，2009.

[4] REICH M，MOUTANABBIR O，HOENTSCHEL J. Strained Silicon Devices. Solid State Phenomena，2010，156 – 158：61 – 68.

[5] RIM K，HOYT J L，GIBBONS J F. Fabrication and analysis of deep submicron Strained-Si MOSs. IEEE Transactions on Electron Devices，2000，47(7)：1406 – 1415.

[6] BOUHASSOUNE M，SCHINDLMAYR A. Electronic structure and effective masses in strained silicon，Physica Status Solidi(C). Current Topics in Solid State Physics，2010，7：460 – 463.

[7] MIYATA H，YAMADA T，FERRY D K. Electron transport properties of a strained-Si layer on a relaxed SiGe substrate by Monte Carlo simulation. Appl Phys. Letters，1993，62：2661 – 2663.

[8] CHIANG S Y. Challenges of future silicon IC technology. VLSI Technology， Systems and Applications(VLSI-TSA)，2011：1.

[9] CELLER G K，CRISTOLOVEANU S. Frontiers of silicon-on-insulator. J Appl Phys，2003，93：4955 – 4978.

[10] RIM K，KOESTER S，HARGROVE M，et al. Strained Si NMOSFETs for high performance CMOS technology. IEEE Symposium on VLSI Circuits，Digest of Technical Papers，TECHNOLOGY SYMP，2001：59 – 60.

[11] ZHAO W，HE J，BELFORD R E，et al. Partially depleted SOI MOSFETs under uniaxial tensile strain. IEEE Trans. Electron Devices，2003，51：317 – 323.

[12] RIM K，ANDERSON R，BOYD D，et al. Strained Si CMOS (SS CMOS) technology：opportunities and challenges. Solid-State Electronics，2003，47：1133 – 1139.

[13] 黄如，张国艳，李映雪，等. SOI CMOS 技术及其应用［M］. 北京：科学出版社，2005.

[14] YAMAGUCHI Y，ISHIBASHI A，SHIMIZU M，et al. A high speed 0. 6-μm 16 K

CMOS gate array on a thin SIMOX film[J]. IEEE Transactions on Electron Devices, 1993, 40(1): 179 – 186.

[15] ZHANG P, TEVAARWERK E, PARK B N, et al. Electronic transport in nanometre-scale silicon-on-insulator membranes[J]. Nature, 2006, 439 (7077): 703.

[16] NOGUCHI M, NUMATA T, MITANI Y, et al. Back gate effects on threshold voltage sensitivity to SOI thickness in fully-depleted SOI MOSFETs[J]. IEEE Electron Device Letters, 2001, 22(1): 32 – 34.

[17] BAUDOT S, ANDRIEU F, FAYNOT O, et al. Electrical and diffraction characterization of short and narrow MOSFETs on fully depleted strained silicon-on-insulator(sSOI)[J]. Solid-State Electronics, 2010, 54(9): 861 – 869.

[18] RAHIM N A B A, ABDULLAH M H B, RUSOP M. Performance Analysis of Si_3N_4 Capping Layer and SOI Technology in Sub 90nm PMOS Device[C]. AIP Conference Proceedings. AIP, 2009, 1136(1): 770 – 774.

[19] HARA K, KOCHIYAMA M, MOCHIZUKI A, et al. Radiation Resistance of SOI Pixel Devices Fabricated With OKI $0.15\mu m$ FD-SOI Technology [J]. IEEE Transactions on Nuclear Science, 2009, 56(5): 2896 – 2904.

[20] MINAMISAWA R A, SCHMIDT M, ÖZBEN E D, et al. High mobility strained $Si_{0.5}Ge_{0.5}$/sSOI short channel field effect transistors with $TiN/GdScO_3$ gatestack [J]. Microelectronic engineering, 2011, 88(9): 2955 – 2958.

[21] RICHTER S, SANDOW C, NICHAU A, et al. Omega-Gated Silicon and Strained Silicon Nanowire Array Tunneling FETs[J]. IEEE Electron Device Letters, 2012, 33(11): 1535 – 1537.

[22] COQUAND R, CASSE M, BARRAUD S, et al. Strain-induced performance enhancement of tri-gate and omega-gate nanowire FETs scaled down to 10nm width [J]. IEEE Transactions on Electron Devices, 2013, 60(2): 727 – 732.

[23] LUONG G V, KNOLL L, SÜESS M J, et al. High on-currents with highly strained Si nanowire MOSFETs[C]//2014 15th International Conference on Ultimate Integration on Silicon(ULIS). IEEE, 2014: 73 – 76.

[24] KNOLL L, RICHTER S, NICHAU A, et al. Strained Si and SiGe tunnel-FETs and complementary tunnel-FET inverters with minimum gate lengths of 50 nm[J]. Solid-State Electronics, 2014, 97: 76 – 81.

[25] MORVAN S, ANDRIEU F, BARBÉ J C, et al. Study of an embedded buried SiGe structure as a mobility booster for fully-depleted SOI MOSFETs at the 10 nm node

[J]. Solid-State Electronics, 2014, 98: 50 - 54.

[26]　BORDALLO C C M, TEIXEIRA F F, SILVEIRA M A G, et al. Analog performance of standard and uniaxial strained triple-gate SOI FinFETs under x-ray radiation[J]. Semiconductor Science and Technology, 2014, 29(12): 125015.

[27]　BONNEVIALLE A, REBOH S, LE R C, et al. On the use of a localized STRASS technique to obtain highly tensile strained Si regions in advanced FDSOI CMOS devices[J]. physicas status solidi (c), 2016, 13(10 - 12): 740 - 745.

[28]　LEE W, HWANGBO Y, KIM J H, et al. Mobility enhancement of strained Si transistors by transfer printing on plastic substrates[J]. NPG Asia Materials, 2016, 8(3): 256.

[29]　JOHANSSON S, BERG M, PERSSON K M, et al. A High-Frequency Transconductance Method for Characterization of High-κ Border Traps in III-V MOSFETs[J]. IEEE Trans actions on Electron Devices, 2013, 60(2): 776 - 781.

[30]　MAITRA K, KHAKIFIROOZ A, KULKARNI P, et al. Aggressively Scaled Strained-Silicon-on-Insulator Undoped-Body High-κ/Metal-Gate nFinFETs for High-Performance Logic Applications[J]. IEEE Electron Device Letters, 2011, 32(6): 713 - 715.

[31]　YOSHIMI M, TERAUCHI M, NISHIYAMA A, et al. Suppression of the floating-body effect in SOI MOSFET's by the bandgap engineering method using a $Si_{1-x}Ge_x$ source structure[J]. IEEE Transactions on Electron Devices, 1997, 44(3): 423 - 430.

[32]　YAMAGUCHI Y, ISHIBASHI A, SHIMIZU M, et al. A high speed 0.6-μm 16 K CMOS gate array on a thin SIMOX film[J]. IEEE Transactions on Electron Devices, 1993, 40(1): 179 - 186.

[33]　ZHANG P, TEVAARWERK E, PARK B, et al. Electronic transport in nanometre-scale silicon-on-insulator membranes[J]. Nature, 2006, 439: 703 - 706.

[34]　NOGUCHI M, NUMATA T, MITANI Y, et al. Back gate effects on threshold voltage sensitivity to SOI thickness in fully-depleted SOI MOSFETs[J]. IEEE Electron Device Letters, 2001, 22(1): 32 - 34.

[35]　HARA K, KOCHIYAMA M, MOCHIZUKI A, et al. Radiation Resistance of SOI Pixel Devices Fabricated With OKI 0.15 μm FD-SOI Technology[J]. IEEE Transactions on Nuclear Science, 2009, 56(5): 2896 - 2904.

[36]　SAWANO K, HOSHI Y, YAMADA A, et al. Introduction of Uniaxial Strain into Si/Ge Heterostructures by Selective Ion Implantation[J]. Appl. Phys. Express,

2008, 1: 121401.

[37]　RIM K, HOYT J L, GIBBONS J F. Fabrication and analysis of deep submicron strained-Si n-MOSFET's[J]. IEEE Transactions on Electron Devices, 2000, 47(7): 1406 – 1415.

[38]　THOMPSON S E, ARMSTRONG M, AUTH C, et al. A 90-nm logic technology featuring strained-silicon[J]. IEEE Transactions on Electron Devices, 2004, 51 (11): 1790 – 1797.

[39]　MIZUNO T, SUGIYAMA N, TEZUKA T, et al. High-performance strained-SOI CMOS devices using thin film SiGe-on-insulator technology[J]. IEEE Transactions on Electron Devices, 2003, 50(4): 988 – 994.

[40]　XIONG W, CLEAVELIN C R, KOHLI P, et al. Impact of strained-silicon-on-insulator (sSOI) substrate on FinFET mobility[J]. IEEE Electron Device Letters, 2006, 27(7): 612 – 614.

[41]　SUGIYAMAA N, MIZUNOA T, TAKAGIA S, et al. Formation of strained-silicon layer on thin relaxed-SiGe/SiO$_2$/Si structure using SIMOX technology[J]. Thin Solid Films, 2000, 369(1 – 2): 199 – 202.

[42]　BESNARD G, GARROS X, SUBIRATS A, et al. Performance and reliability of strained SOI transistors for advanced planar FDSOI technology[C]//2015 IEEE International Reliability Physics Symposium. IEEE, 2015: 2F. 1. 1 – 2F. 1. 5.

[43]　MAITRA K, KHAKIFIROOZ A, KULKARNI P, et al. Aggressively Scaled Strained-Silicon-on-Insulator Undoped-Body High-k/Metal-Gate nFinFETs for High-Performance Logic Applications[J]. IEEE Electron Device Letters, 2011, 32(6): 713 – 715.

[44]　DUBEY S, KONDEKAR P N. Finshape dependent variability for strained SOI FinFETs[J]. Microelectronic Engineering, 2016, 162: 63 – 68.

[45]　PARK J G, KIM S J, SHIN M H, et al. A multi-level capacitor-less memory cell fabricated on a nano-scale strained silicon-on-insulator[J]. Nanotechnology, 2011, 22(31): 315201.

[46]　COQUAND R, BARRAUD S, CASSE M, et al. Low-temperature transport characteristics in SOI and sSOI nanowires down to 8 nm width: Evidence of I DS and mobility oscillations[C]//2013 Proceedings of the European Solid-State Device Research Conference (ESSDERC). IEEE, 2013: 198 – 201.

[47]　BARRAUD S, LAVIEVILLE R, TABONE C, et al. Strained silicon directly on insulator N-and P-FET nanowire transistors [C]//2014 15th International

Conference on Ultimate Integration on Silicon (ULIS). IEEE, 2014: 65 - 68.

[48] LUONG G V, KNOLL L, BLAESER S, et al. Demonstration of higher electron mobility in Si nanowire MOSFETs by increasing the strain beyond 1.3%[J]. Solid-State Electronics, 2015, 108: 19 - 23.

[49] KERBER P, KANJ R, JOSHI R V. Strained SOI FinFET SRAMDesign[J]. IEEE electron device letters, 2013, 34(7): 876 - 878.

[50] International Technology Roadmap for Semiconductor 2015. http://www.itrs2.net/

[51] International Roadmap for Devices and Systems 2017. https://irds.ieee.org/roadmap - 2017/

[52] LANGDO T A, CURRIE M T, LOCHTEFELD A, et al. SiGe-free strained Si on insulator by wafer bonding and layertransfer[J]. Applied physics letters, 2003, 82(24): 4256 - 4258.

[53] CHRISTIANSEN S H, SINGH R, RADU I, et al. Strained silicon on insulator (sSOI) bywaferbonding[J]. Materials science in semiconductor processing, 2005, 8(1 - 3): 197 - 202.

[54] MU Z Q, XUE Z Y, WEI X, et al. Fabrication of ultra-thin strained silicon on insulator by He implantation and ion cut techniques and characterization[J]. Thin Solid Films, 2014, 557: 101 - 105.

[55] BONNEVIALLE A, REBOH S, GRENOUILLET L, et al. New insights on strained-Si on insulator fabrication by top recrystallization of amorphized SiGe on SOI[C]//EUROSOI-ULIS 2015: 2015 Joint International EUROSOI Workshop and International Conference on Ultimate Integration on Silicon. IEEE, 2015: 177 - 180.

[56] YANG B F, CAI M. Advanced strain engineering for state-of-the-art nanoscale CMOS technology[J]. Science China Information Sciences, 2011, 54(5): 946 - 958.

[57] TEZUKA T, SUGIYAMA N, TAKAGI S I. Fabrication of strained Si on an ultrathin SiGe-on-insulator virtual substrate with a high-Ge fraction[J]. Applied Physics Letter. 2001, 01(79): 1798 - 1800.

[58] LANGDO T A, LOCHTEFELD A, CURRIE A, et al. Preparation of novel SiGe-free strained Si on insulator substrates[C]. IEEE International Silicon-on-Insulator Conference, 2002: 211 - 212.

[59] YANG H S, MALIK R, NARASIMHA S, et al. Dual stress liner for high performance sub-45nm gate length SOI CMOS manufacturing[C]//IEDM Technical Digest. IEEE International Electron Devices Meeting, 2004. IEEE, 2004: 1075 - 1077.

［60］ MISHIMA Y，OCHIMIZU H，MIMURA A. New strained silicon-on-insulator fabricated by laser-annealing technology［J］. Japanese journal of applied physics，2005，44：2336.

［61］ ZOO Y，THEODORE N D，ALFORD T L. Investigation of Biaxial Strain in Strained Silicon on Insulator（sSOI）Using High-Resolution X-ray Diffraction［J］. MRS Online Proceedings Library Archive，2007：994.

［62］ MANTL S，BUCA D，ZHAO Q T，et al. Large current enhancement in n-MOSFETs with strained Si on insulator［C］//2007 International Semiconductor Device Research Symposium. IEEE，2007：1－2.

［63］ GU D，BAUMGART H，NAUMANN F，et al. Finite Element Modeling and Raman Study of Strain Distribution in Patterned Device Islands on Strained Silicon-on-Insulator（sSOI）Substrates［J］. ECS Transactions，2010，33(4)：529－535.

［64］ HIMCINSCHI C，RADU I，MUSTER F，et al. Uniaxially strained silicon by wafer bonding and layer transfer. Solid-State Electronics，51(2007)：226－230.

［65］ 苗东铭，戴显英，郝跃，等. 基于氮化硅应力薄膜与尺度效应的晶圆级单轴应变 SOI 的制作方法. CN105938813A［P］. 2019－02－16.

［66］ 邓志杰，郑安生. 半导体材料［M］. 北京：化学工业出版社，2004.

［67］ NIKANOROV S P. Elastic properties ofsilicon［J］. Fizika Tverdogo Tela，1971，13(10)：3001－3004.

［68］ 万群，师昌绪. 材料科学技术百科全书［M］. 上卷. 北京：中国大百科全书出版社，1995.

［69］ HU J Z，SPAIN I L. Phases of silicon at high pressure［J］. Solid State Communications，1984，51(5)：263－266.

［70］ LYNCH J F，RUDERER C G，DUCKWORTH W H. Engineering properties of selected ceramicmaterials［J］. The American Ceramic Society，1966.

［71］ JR W N S，PULSKAMP J，GIANOLA D S，et al. Strain Measurements of Silicon Dioxide Microspecimens by Digital Imaging Processing［J］. Experimental Mechanics，2007，47(5)：649－658.

［72］ GIANOLA D S，JR W N S. Techniques For Testing Thin Films In Tension［J］. Experimental Techniques，2010，28(5)：23－27.

［73］ CARLOTTI G，DOUCET L，DUPEUX M. Elastic properties of silicon dioxide films deposited by chemical vapour deposition from tetraethyl orthosilicate［J］. Thin Solid Films，1997，296(1/2)：102－105.

［74］ SUNDARARAJAN S，BHUSHAN B，NAMAZU T，et al. Mechanical property measurements of nanoscale structures using an atomic forcemicroscope [J]. Ultramicroscopy, 2002, 91(1): 111 – 118.

[75] WEIHS T P, HONG S, BRAVMAN J C, et al. Mechanical deflection of cantilever microbeams: A new technique for testing the mechanical properties of thin films [J]. Journal of Materials Research, 1988, 3(5): 931 – 942.

[76] SPEARING S M. Materials issues in microelectromechanical systems (MEMS)[J]. Acta Materialia, 2000, 48(1): 179 – 196.

[77] 王仲仁, 苑世剑, 胡连喜, 等. 弹性与塑性力学基础[M]. 2 版. 哈尔滨: 哈尔滨工业大学出版社, 2004.

[78] 洪羽. 单向压缩和纳米压痕引起的单晶硅相变研究[D]. 武汉: 华中科技大学, 2009.

[79] SUZUKI T, YONENAGA I I, KIRCHNER H O. Yield strength ofdiamond[J]. Physical Review Letters, 1995, 75(19): 3470.

[80] 陈秀, 丁英涛. MEMS 薄膜纳米压痕法测试和仿真研究[D]. 北京: 北京理工大学, 2014.

[81] BUCAILLE J L, STAUSS S, FELDER E, et al. Determination of plastic properties of metals by instrumented indentation using different sharp indenters[J]. Acta Materialia, 2003, 51(6): 1663 – 1678.

[82] 戎俊梅, 柴国钟, 郝伟娜. 基于纳米压痕技术及有限元模拟的薄膜力学性能研究[J]. 浙江工业大学学报, 2011.

[83] PELLETIER H. Predictive model to estimate the stress-strain curves of bulk metals using nanoindentation[J]. Tribology International, 2006, 39(7): 593 – 606.

[84] PELLETIER H, KRIER J, CORNET A, et al. Limits of using bilinear stress-strain curve for finite element modeling of nanoindentation response on bulk materials[J]. Thin Solid Films, 2000, 379(1): 147 – 155.

[85] BOUZAKIS K D, MICHAILIDIS N. Coating elastic-plastic properties determined by means of nanoindentations and FEM-supported evaluation algorithms[J]. Thin Solid Films, 2004, 469(469): 227 – 232.

[86] TSUI T Y, PHARR G M. Substrate effects on nanoindentation mechanical property measurement of soft films on hardsubstrates[J]. Journal of Materials Research, 1999, 14(1): 292 – 301.

[87] 丘思畴. 半导体表面与界面物理[M]. 武汉: 华中理工大学出版社, 1995.

[88] 李映雪, 奚雪梅, 王兆江. 退火气氛对 SIMOX 材料 Si/SiO$_2$ 界面特性的影响[J]. 半导体学报, 1996, 17(1): 11 – 15.

[89] 恽正中, 王恩信, 完利祥. 表面与界面物理[M]. 成都: 电子科技大学出版社, 1993.

［90］　沈观林，胡更开.复合材料力学［M］.北京：清华大学出版社，2006.

［91］　HIMCINSCHI C，RADU I，MUSTER F，et al. Uniaxially strained silicon by wafer bonding and layertransfer［J］. Solid State Electronics，2007，51(2)：226 – 230.

［92］　张树霖.拉曼光谱学与低维纳米半导体［M］.北京：科学出版社，2008.

［93］　刘凯，韩光平.微电子机械系统力学性能及尺寸效应［M］.北京：机械工业出版社，2009.

［94］　HIMCINSCHI C，SINGH R，RADU I，et al. Strain relaxation in nanopatterned strained silicon roundpillars［J］. Applied Physics Letters，2007，90(2)：811.

［95］　NAYAK D K，WOO J C S，PARK J S，et al. High mobility p-channel metal oxide semiconductor field effect transistor on strained Si［J］. Applied Physics Letters，1993，62(22)：2853 – 2855.

［96］　LANGDO T A，LOCHTEFELD A，CURRIE M T，et al. Preparation of novel SiGe-free strained Si on insulator substrates，SOI Conference，IEEE International. IEEE，2002：211 – 212.

［97］　HIMCINSCHI C，REICHE M，SCHOLZ R，et al. Compressive uniaxially strained silicon on insulator by prestrained wafer bonding and layer transfer［J］. Applied Physics Letters，2007，90(23)：49 – 55.

［98］　SUN Y，SUN G，PARTHASARATHY S，et al. Physics of process induced uniaxially strained Si［J］. Materials Science & Engineering B，2006，135(3)：179 – 183.

［99］　SMITH D L，ALIMONDA A S，PREISSIG F J V. Mechanism of SiNxHy deposition from N_2-SiH$_4$ plasma［J］. Journal of Vacuum Science & Technology B：Microelectronics and NanometerStructures，1990，8(3)：551 – 557.

［100］　陈治明，王建农.半导体器件的材料物理学基础.北京：科学出版社，1999.

［101］　FUSAHITO Y. Fundementals of elastic mechanics. Kyritsu Shuppan co.，Ltd.，1997.

［102］　ROY R C，JR，Mechanics of material sencond edition，John Wiley & Sons Inc.，1999.

［103］　SUN Y，THOMPSON S E，Nishida T. Strain Effect in Semiconductors［M］. Springer，2010：51 – 135.

［104］　DRESSELHAUS G，KIP A F，KITTEL C. Cyclotron Resonance of Electrons and Holes in Silicon and Germanium Crystals［J］. Physical Review，1955，98(2)：368 – 384.

［105］　SUN Y，THOMPSON S E，NISHIDA T. Physics of strain effects in semiconductors and metal-oxide-semiconductor field-effecttransistors[J]. Journal of Applied Physics，2007，101(10)：381－414.

[106] TAN Y，LI X，TIAN L，et al. Analytical Electron-Mobility Model for Arbitrarily Stressed Silicon[J]. IEEE Transactions on Electron Devices，2008，55(6)：1386－1390.

[107] SVERDLOV V，UNGERSBOECK E，KOSINA H，et al. Effects of shear strain on the conduction band in silicon：An efficient two-band kp theory[J]. 2007：386－389.

[108] 刘恩科，朱秉升，罗晋生，等. 半导体物理学[M]. 4 版. 北京：国防工业出版社，1994.

[109] DHAR S，UNGERSBOCK E，KOSINA H，et al. Electron Mobility Model for 110 Stressed Silicon Including Strain-Dependent Mass[J]. IEEE Transactions on Nanotechnology，2007，6(1)：97－100.